技工院校公共基础课程教材

数字技术应用

基础模块（WPS Office 上册）

王伟　郑凯　主编

中国劳动社会保障出版社

图书在版编目（**CIP**）数据

数字技术应用：基础模块.WPS Office. 上册 / 王伟，郑凯主编. -- 北京：中国劳动社会保障出版社，2024. --（技工院校公共基础课程教材）. -- ISBN 978-7-5167-6381-0

Ⅰ. TP3

中国国家版本馆 CIP 数据核字第 2024F339V0 号

中国劳动社会保障出版社出版发行

（北京市惠新东街 1 号　邮政编码：100029）

*

北京市艺辉印刷有限公司印刷装订　新华书店经销

787 毫米 ×1092 毫米　16 开本　12.75 印张　232 千字

2024 年 12 月第 1 版　2024 年 12 月第 1 次印刷

定价：27.00 元

营销中心电话：400-606-6496

出版社网址：https://www.class.com.cn

https://jg.class.com.cn

前　言

当今时代，数字技术作为世界科技革命和产业变革的先导力量，日益融入经济社会发展各领域全过程，深刻改变着生产方式、生活方式和社会治理方式。面对数字技术的迅猛发展趋势，提升个人数字素养与技能，已成为新时代每个人顺应时代变革、把握未来发展机遇的必然选择。

数字技术应用课程是技工院校各专业学生必修的公共基础课程，也是培养学生数字素养与技能的重要途径。该课程旨在让学生全面掌握数字技术的基本理论知识和操作技能，培养其数字素养，激发其创新思维，以更好地迎接未来工作与生活中数字化所带来的各种挑战。

数字技术应用课程教材体系由基础模块（上、下册）与拓展模块（生成式人工智能等分册）构成，并配有学生学习指导与练习用书。教材编写上，语言通俗易懂，融合大量贴近学生学习和生活的实践任务，力求让学生在理论学习与实践操作方面一体习得，真正实现学以致用，以提升将数字技术知识转化为解决实际问题的能力。

数字技术应用课程教材基础模块上、下两册共有 6 个单元，下面是每个单元的学习内容及建议学时。

学习内容		建议学时
上册	第一单元　探索数字世界——数字技术应用基础	12
	第二单元　文档创意与制作——图文编辑	16
	第三单元　编程的魅力——程序设计入门	8
下册	第四单元　数据处理与交流——数据分析技术	14
	第五单元　交互式媒体创作——数字媒体技术应用	16
	第六单元　走向智能社会——人工智能技术应用	6
合计		72

本册教材《数字技术应用　基础模块（WPS Office 上册）》由王伟、郑凯主编，余青松、沈建林、俞琨、张玉青、张凌立参与编写。为方便教师教学，本套教材配套演示文稿、教学视频、教学素材、习题答案等辅教辅学资源，可登录技工教育网（https://jg.class.com.cn）下载使用。

为进一步完善教材编写，服务于全国技工院校公共基础课程教学，读者可将对本教材的意见和建议发送至邮箱：ggk@class.com.cn。

编者

2024 年 9 月

目录

第一单元

探索数字世界

——数字技术应用基础

当前，数字技术革命正推动经济社会各领域发生快速变革，数字化、网络化、智能化趋势加速演进，数字经济对经济发展的推动作用愈加凸显，已成为改变全球竞争格局的关键力量。我们身处数字时代，必须培养数字意识，掌握数字技术应用的相关知识与技能，并善于运用数字技术提升个人能力，积极融入数字社会的发展。

本单元我们将一起走进数字技术的广阔世界，探索数字技术的发展历程和应用领域，根据需要选配、使用合适的数字设备，学习网络应用的相关知识与技能，了解网络社会，获取网络资源，让数字技术服务于我们自身的发展，助力未来的工作与生活。

1.1 走进数字时代

当今时代，数字技术作为世界科技革命和产业变革的先导力量，日益融入经济社会发展各领域全过程，深刻改变着生产方式、生活方式和社会治理方式。5G、物联网、云计算、工业互联网、人工智能等新一代数字技术加速发展，服务于中国式现代化全过程。在生活中，计算机、智能手机、智能电视、智能服务机器人等数字设备已经被广泛应用，极大地丰富了我们的生活。

学习目标

1. 了解数字技术的概念。
2. 了解数字技术的发展历程和典型应用。
3. 了解信息系统的组成。
4. 了解二进制数、十进制数及十六进制数的相互转换方法。
5. 了解信息编码的常见形式和存储单位的概念，会进行存储单位的换算。

任务 1　初识数字技术

任务描述

新学期开学后不久，王小林与同学们一起来到市科技馆参加科技节活动。在活动中，他被一款名为“猜猜你的生肖”的互动游戏吸引了。这款游戏面板上设置了“有”和“无”两个按钮，王小林在回答了游戏提出的 4 个问题后，屏幕上就显示出了他的生肖。这让王小林感到十分奇妙。他不禁开始思考，这是如何实现的呢？

实际上，这个游戏的“奥秘”与数字技术中的数制转换原理有关。

你是否也想设计一个这样的游戏呢？下面就让我们模仿这个游戏，制作一套游戏卡牌吧！

制作好的游戏卡牌如图 1-1-1 所示。

图 1-1-1　“猜猜你的生肖”游戏卡牌

知识储备

一、数字技术概述

数字技术是指利用计算机、互联网、移动通信等硬件设备及相应的软件工具，将各类信息、数据转换为数字形式，从而进行存储、处理、传输和展示的一系列技术，主要包括数字存储技术、数字处理技术、数字传输技术以及数字展示技术等。数字技术的出现，不仅改变了人们的生活方式，也推动了各行各业的发展。

数字技术的应用领域非常广泛，通过互联网、大数据、云计算、人工智能、区块链等技术，已经覆盖医疗、教育、娱乐、工业、交通、农业等各领域。

知识拓展

数字技术的发展是在信息技术高度发展情况下应运而生的。自 1946 年第一台电子数字计算机（ENIAC）发明起，数字技术的发展经历了计算机、互联网和新一代信息技术三个阶段。

第一阶段：计算机阶段（1946—1968 年）

艾伦·图灵、冯·诺依曼和克劳德·香农三人是计算机科学与技术的奠基人。此时期计算机的发展大体还可以分为四个子阶段，即电子管计算机、晶体管计算机、中小规模集成电路计算机和大规模超大规模集成电路计算机。

第二阶段：互联网阶段（1969—2015 年）

1969 年，阿帕网（ARPANET）的组建标志着数字技术进入以互联网为主的发展阶段。

第三阶段：新一代信息技术阶段（2016 年至今）

这一阶段以信息技术的集成应用为主，是数字技术加速与经济社会全方位深度融合的阶段。

在未来，数字技术将朝着更加智能化、一体化、个性化的方向发展。

二、数字社会

当前，数字技术正以惊人的速度改变着我们的生活。从社交媒体的兴起，到在线购物的便捷，再到智能交通的普及，数字技术已经渗透到我们生活的方方面面，构成了一个全新的社会形态——数字社会。

数字社会是继农业社会、工业社会、信息社会之后的一种新的社会形态，是在信息社会的基础上，由于大数据、人工智能等新一代信息技术的赋能作用，社会生产方式、生活方式和传播方式发生革命性改变，实体社会与虚拟社会高度融合的社会形态。

1. 数字生活：体验前所未有的便捷与多样

在数字技术的驱动下，我们的日常生活已经发生了翻天覆地的变化，生活方式也正变得越来越智能，越来越便捷。这种变化体现在生活的方方面面。以智能交通为例，智能交通系统对城市交通状况进行实时监控与动态优化，一旦某个路段出现拥堵，系统便能迅速响应，通过调整信号灯时长或为驾驶员提供备选路线等方式，有效缓解交通压力。这不仅显著提升了交通管理的效率，还为市民带来了更为便捷、舒适的出行体验。

2. 数字学习：打破边界，实现知识的自由获取

我们的学习方式也同样经历着一场前所未有的变革。传统的课堂教学已不再被视为学习的唯一途径，在线教育平台的兴起为学习者开辟了更多学习渠道。这些平台依托先进的网络技术，使得知识的获取不再受到时间和空间的限制。无论是在家中、办公室，还是在旅途中，我们都能随时随地投身于学习的海洋。此外，通过为学习者量身定制个性化的学习路径和资源，使得学习内容更加贴合个人需求，学习过程既高效又有趣。

3. 数字工作：高效决策，创新驱动的职场新生态

数字技术同样在重塑着我们的工作环境。远程办公和协作工具的普及，使得随时随地工作成为可能。这些先进工具不仅大幅提升了工作效率，还促进了团队合作的灵活性与高效性。与此同时，数字技能在职场中的重要性日益凸显。在数字工作新生态下，我们必须持续学习和进步，以适应这个日新月异的时代。

三、信息的编码与存储

数字技术的具体应用主要通过信息系统这一载体来实现。信息系统是一种用于信息的输入、存储、处理、输出和控制的人机交互系统，主要由硬件、软件、通信网络和信息资源等基本要素组成，如图 1-1-2 所示。

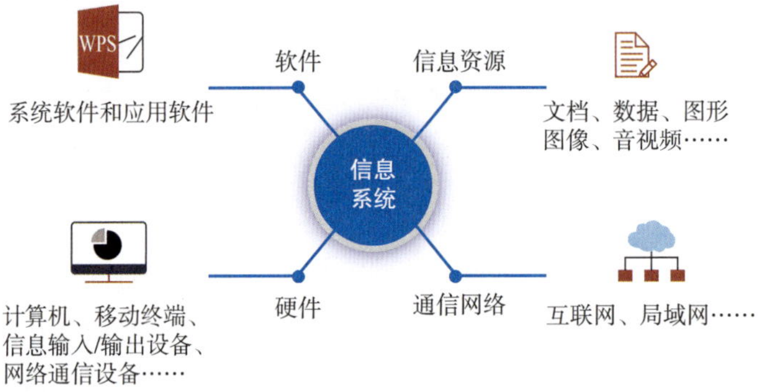

图 1-1-2 信息系统的基本要素

在信息系统中，用二进制代码的形式来表示信息，即使用 0 和 1 两个数字来表示。信息系统采用二进制数，主要是因为二进制数运算规则相对简单，处理和传输时也不易出错。通过二进制数可以设计出各种信息编码，以便有效表示和传递信息，如 ASCII 字符编码、汉字编码、条形码、二维码等。

1. 数制

数制也称计数制。人们在日常生活中常用的是十进制数（DEC）进行计数，而计算机等数字设备使用的是二进制数（BIN）。

二进制数的基数为 2，进位规则为“逢二进一”。除了以上数制外还有八进制数（OCT）、十六进制数（HEX）。各数制的对应关系见表 1-1-1。

表 1-1-1 十进制数、二进制数、八进制数与十六进制数的对应关系

十进制数	二进制数	八进制数	十六进制数	十进制数	二进制数	八进制数	十六进制数
0	0000	0	0	1	0001	1	1

续表

十进制数	二进制数	八进制数	十六进制数	十进制数	二进制数	八进制数	十六进制数
2	0010	2	2	9	1001	11	9
3	0011	3	3	10	1010	12	A
4	0100	4	4	11	1011	13	B
5	0101	5	5	12	1100	14	C
6	0110	6	6	13	1101	15	D
7	0111	7	7	14	1110	16	E
8	1000	10	8	15	1111	17	F

2. 数制转换

在数字技术应用中，经常涉及各数制间的转换。

例：$(43)_{10}=(101011)_2=(53)_8=(2B)_{16}$

在数制转换中，十进制数与二进制数的相互转换是基础，掌握了这两种数制间的转换就可以实现其他数制间的转换。

（1）十进制数转二进制数。将十进制数转换成二进制数，要将十进制数的整数部分和小数部分分别进行转换。

将十进制的整数转换成二进制整数，遵循“除 2 取余、逆序排列”的规则；将十进制小数转换成二进制小数，遵循“乘 2 取整、顺序排列”的规则。整数部分和小数部分分别转换完成后，再将两部分拼接起来，形成最终转换结果。

例：$(43.821)_{10}=(101011.1101)_2$

第一步：十进制整数转换成二进制整数，如图 1-1-3 所示。

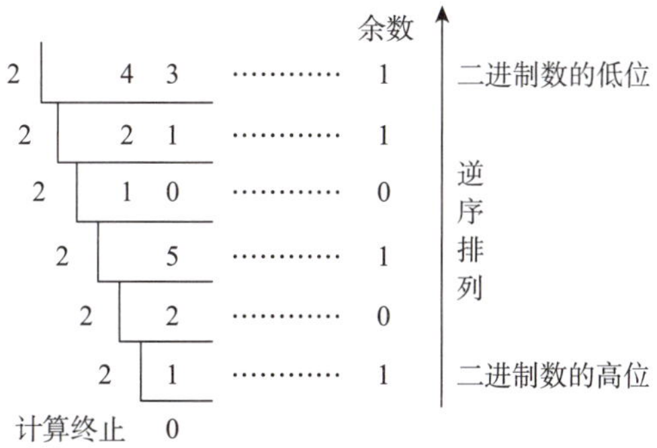

图 1-1-3　十进制整数转换为二进制整数

第二步：十进制小数转换成二进制小数，如图 1-1-4 所示。

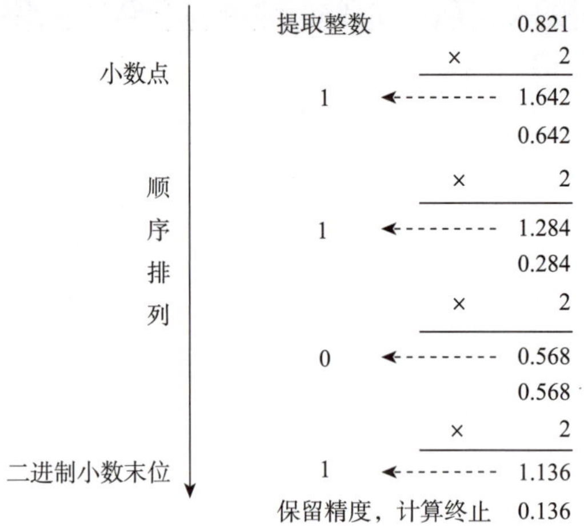

图 1-1-4　十进制小数转换成二进制小数

第三步：整合转换结果。

整合前两步转换结果，得出 $(43.821)_{10}=(101011.1101)_2$

（2）二进制数转十进制数。将二进制数转换成十进制数，可以列出按权展开的多项式，然后求和。所谓按权展开，是指将二进制数的每一位数值用 2 的 k 次方来表示。这里 k 代表了二进制数中某一位的位置，它从零开始，对应二进制数的最低位，依次递增。

例：$(101011)_2$ 每一位对应的 k 值依次为 5、4、3、2、1、0。

则 $(101011)_2=(1\times2^5+1\times2^3+1\times2^1+1\times2^0)_{10}=(43)_{10}$

（3）二进制数转十六进制数。将二进制数转换成十六进制数，可以采用“取四合一法”，即从二进制数的个位开始，每 4 位组成 1 组（若高位不够 4 位一组，则用 0 补齐），每 4 位二进制数可以直接转换为 1 位十六进制数。

例：$(101011)_2=(\underline{0010}\,\underline{1011})_2=(2B)_{16}$

（4）二进制数转八进制数。将二进制数转换成八进制数，可以采用“取三合一法”，即从二进制数的个位开始，每 3 位组成 1 组（若高位不够 3 位一组，则用 0 补齐），每 3 位二进制数可以直接转换为 1 位八进制数。

例：$(1010111)_2=(\underline{001}\,\underline{010}\,\underline{111})_2=(127)_8$

对于十六进制数和八进制数转换成二进制数，可以按照逆序的方式进行转换。例如，将八进制数转换成二进制数，可以将每个八进制数转换成 3 位二进制数。

例：$(53)_8=(\underline{101}\,\underline{011})_2$　　$(53)_{16}=(\underline{0101}\,\underline{0011})_2$

3. 信息的存储

数字技术中最小的数据单位是二进制的一个“位”（bit），相邻的 8 个二进制位称为一个“字节”（Byte）。字节是最基本的容量单位，可以用来表示数据的多少和存储空间的大小。

现代计算机的软件和存储器容量已经相当大，容量单位常用 KB、MB、GB、TB、PB、EB、ZB 来表示，它们之间的关系是以 2^{10} = 1 024 为级间倍数。例如：

1 KB = 2^{10} B = 1 024 B　　　　1 MB = 2^{10} KB = 1 024 KB

1 GB = 2^{10} MB = 1 024 MB　　　1 TB = 2^{10} GB = 1 024 GB

任务分析

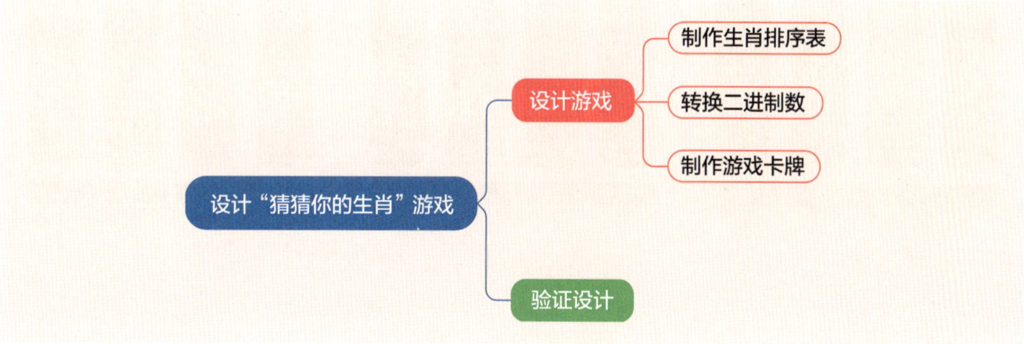

任务实践

下面我们就应用刚刚学过的数制转换原理来设计游戏，制作游戏卡牌。

1. 设计游戏

（1）制作生肖排序表。十二生肖的排序为鼠、牛、虎、兔、龙、蛇、马、羊、猴、鸡、狗、猪。根据生肖排序，制作如下生肖排序表，见表 1–1–2。

表 1–1–2　生肖排序

序号	1	2	3	4	5	6	7	8	9	10	11	12
生肖	子鼠	丑牛	寅虎	卯兔	辰龙	巳蛇	午马	未羊	申猴	酉鸡	戌狗	亥猪

（2）转换二进制数。将十二生肖对应的序号转换为对应的二进制数，见表 1–1–3。

表 1-1-3 生肖排序的二进制数表示

序号	1	2	3	4	5	6	7	8	9	10	11	12
生肖	子鼠	丑牛	寅虎	卯兔	辰龙	巳蛇	午马	未羊	申猴	酉鸡	戌狗	亥猪
二进制数	0001	0010	0011	0100	0101	0110	0111	1000	1001	1010	1011	1100

（3）制作游戏卡牌。我们使用 4 张卡牌表示 4 位二进制数，生肖二进制数的对应位如果为 1，则将这个生肖写到对应位为 1 的这张卡牌上。

例如，子鼠的二进制数为 0001，则将“子鼠”写在第 4 张卡牌上，如图 1-1-5 所示；丑牛的二进制数为 0010，则将“丑牛”写在第 3 张卡牌上，如图 1-1-6 所示；寅虎的二进制数为 0011，则将“寅虎”分别写在第 3 和第 4 张卡牌上，如图 1-1-7 所示。

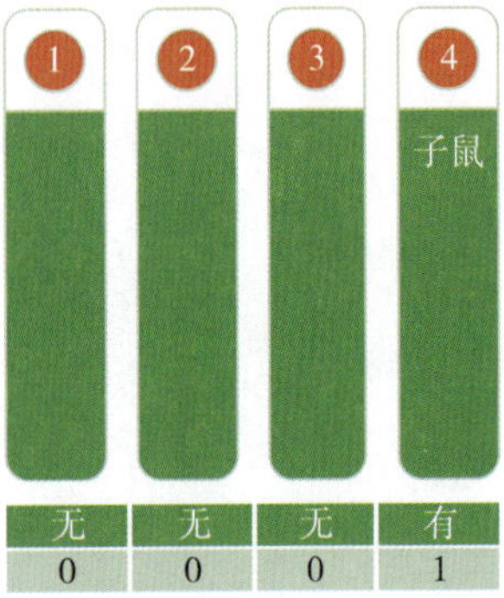

图 1-1-5 子鼠

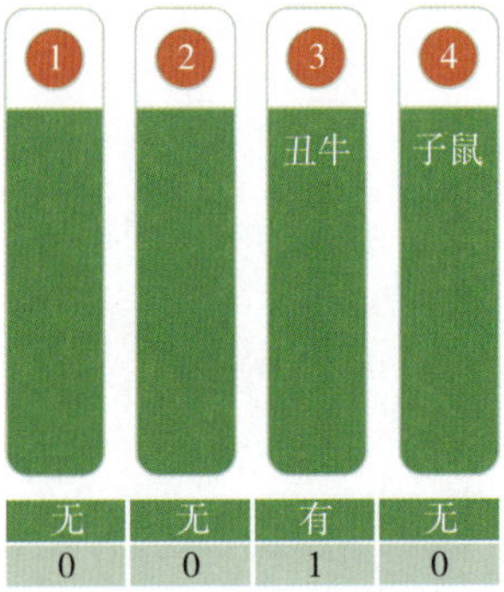

图 1-1-6 丑牛

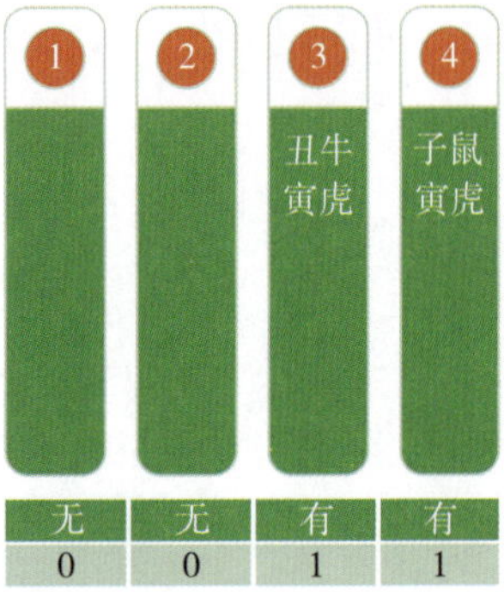

图 1-1-7 寅虎

依次类推，即可完成图 1-1-1 所示的游戏卡牌。

2. 验证设计

王小林的生肖为龙。王小林的同学拿着制作好的游戏卡牌，逐一向王小林展示卡牌内容，同时向王小林提问。

同学：第一张卡牌中有没有你的生肖？　　小林：没有。

同学：第二张卡牌中有没有你的生肖？　　小林：有。

同学：第三张卡牌中有没有你的生肖？　　小林：没有。

同学：第四张卡牌中有没有你的生肖？　　小林：有。

同学：你的生肖是龙。

“没有”对应 0，“有”对应 1。根据上面的回答，王小林的答案对应为“0101”。在表 1-1-3 中找到二进制数“0101”与生肖的对应关系，可以发现王小林的生肖为龙，验证了该游戏的设计是正确的。

巩固提高

二维码是一组黑白相间的图形符号，它们按一定规律在平面上分布，从而记录信息，可用于信息获取、网页跳转、移动支付等。我们通过使用移动端软件的“扫一扫”功能，扫描二维码后即可获取对应的信息。请同学们尝试使用二维码生成工具（如草料二维码），制作一个自己的学生信息二维码。

任务 2　选配数字设备

任务描述

王小林就读的是平面设计专业。为了提升自己的专业设计水平，他需要配置一台能安装专业设计软件的计算机，在宿舍利用课余时间进行学习。他准备借助专业的配机网站，进行计算机配件的选配。王小林选配好的计算机配置单如图 1-1-8 所示。

配置清单　参数　兼容与接口

配置	品牌型号	数量
CPU	Intel 酷睿i5 10400F	1
主板	华硕PRIME H410M-R	1
内存	英睿达4GB DDR4 3200（CT4G 4SFS632A）	1
硬盘	liscn AD1 2TB	1
固态硬盘	东芝RC500系列（250GB）	1
显卡	索泰GeForce GTX 1650-4GD6 X GAMING OC PRO	1
机箱	动力火车VIP海景房	1
电源	长城HOPE-6000DS	1
散热器	九州风神玄冰400	1
显示器	AOC E2270SWN	1
鼠标	优派MU255II代	1
键盘	飞利浦SPK6254	1

图 1-1-8　计算机配置单

知识储备

一、常见数字设备

常见数字设备一般包括计算机类、移动终端类、可穿戴类、外围设备类和网络设备类等。在一些专业领域，还有一些专用的数字设备。各种常见数字设备如图 1-1-9 所示。

1. 计算机类

计算机类数字设备包括服务器、台式计算机和笔记本电脑等。

2. 移动终端类

移动终端类数字设备主要有智能手机、平板电脑、掌上电脑等。

3. 可穿戴类

可穿戴类数字设备有智能手环、智能手表、智能眼镜、智能服装、智能鞋、智能水壶、睡眠监测器等。

4. 外围设备类

外围设备类数字设备有触摸屏、摄像头、麦克风、游戏手柄、数码相机、扫描仪、手绘板、数字电视、投影仪、打印机、绘图仪、音箱、耳机等。

5. 网络设备类

常见的网络设备类数字设备有无线网卡、网络交换机、无线路由器、网络防火墙等。

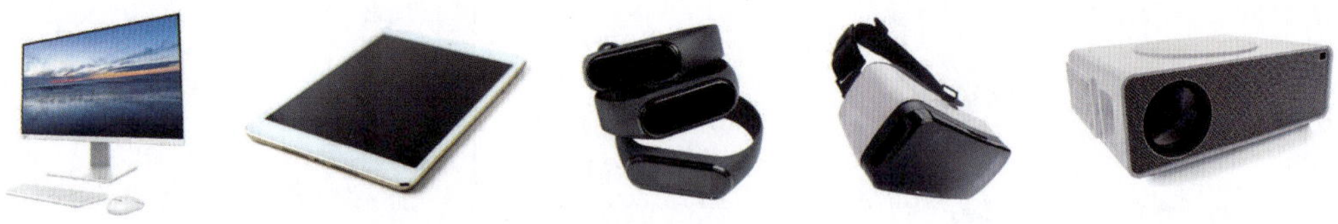

a） b） c） d） e）

图 1-1-9 各种常见数字设备

a）台式计算机 b）平板电脑 c）智能手环 d）智能眼镜 e）投影仪

二、计算机的组成和特点

一个完整的计算机系统由硬件和软件系统组成。

1. 硬件

计算机的硬件主要由运算器和控制器、存储器、输入和输出设备等几部分组成。

（1）运算器和控制器。运算器和控制器共同组成了计算机的中央处理器。中央处理器（central processing unit，缩写为 CPU）是计算机的运算核心和控制核心，负责解释程序指令，并进行数据的运算和处理。

常见的几种中央处理器如图 1–1–10 所示。

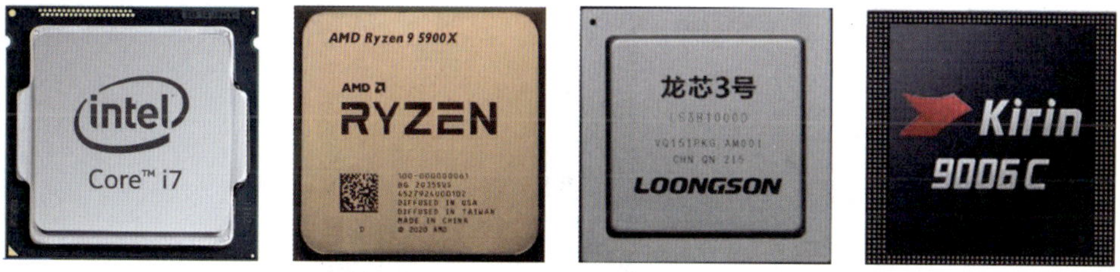

图 1–1–10　常见的几种中央处理器

（2）存储器。存储器分为内存和外存。

内存即内存储器，其作用是用于暂时存放中央处理器中的运算数据，以及与硬盘等外部存储器交换的数据。内存包括只读存储器（ROM）、随机存取存储器（RAM）和高速缓冲存储器（Cache）。内存容量和内存主频是内存的主要性能指标。

外存又称辅助存储器，其容量大，存取速度比内存慢，主要用于程序、数据等信息的长期保存。常见的外存有硬盘（包括机械硬盘 HDD 和固态硬盘 SSD）、U 盘、闪存卡和光盘等。

（3）输入和输出设备。输入和输出设备用于计算机与外界进行信息交换。

输入设备主要有键盘、鼠标、摄像头、麦克风、数码相机、扫描仪、手绘板，以及各种数据采集设备等。

输出设备主要有显示器、投影仪、虚拟现实眼镜、打印机、绘图仪、音箱等。

2. 软件系统

计算机的软件系统主要由系统软件和应用软件组成。

系统软件包括操作系统、语言处理程序、数据库管理系统等，应用软件主要由文字处理软件、图形处理软件、多媒体处理软件、辅助设计软件等组成。

三、计算机接口类型和连接

计算机主机背部有各类接口，连接着不同设备的数据线与电源线。通常这些接口用于连接电源、键盘、鼠标、网络设备、显示器、音箱、耳机、网线、打印机等，如图 1–1–11 所示。

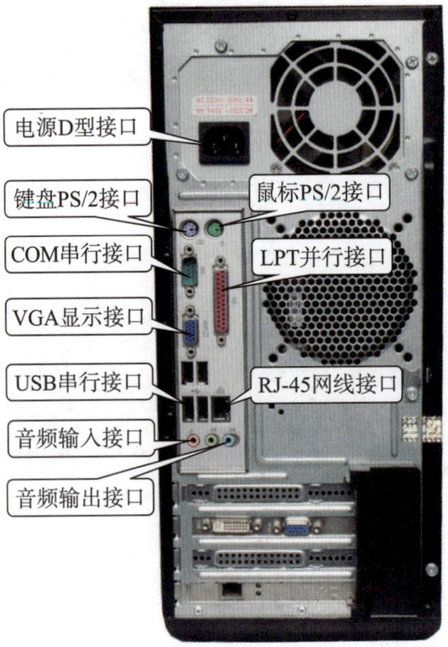

图 1-1-11　计算机主机背部接口

除了以上常规的接口类型，还有 DVI、DP、HDMI、type-C 等接口，如图 1-1-12 所示。

a）　b）　c）　d）

图 1-1-12　其他接口类型

a）DVI 接口　b）DP 接口　c）HDMI 接口　d）type-C 接口

任务分析

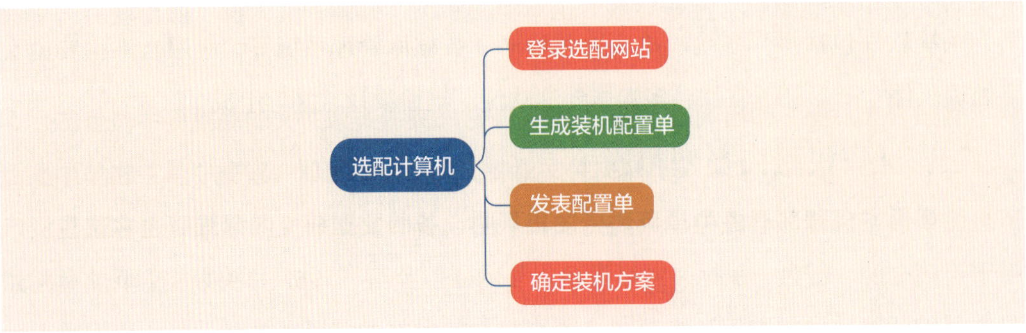

任务实践

目前，互联网上有很多选配计算机的专业网站。这些网站罗列了各种不同配件的详细信息，用户可在线进行选配，并生成配置清单。王小林准备在“中关村在线”上进行计算机的选配。

1. 登录选配网站

打开浏览器，搜索中关村在线网址。打开网站首页，注册并登录。

2. 生成装机配置单

登录后单击主页右上角的“攒电脑”链接，进入“模拟攒机”页面，在该页面中选择配件，如图 1-1-13 所示。

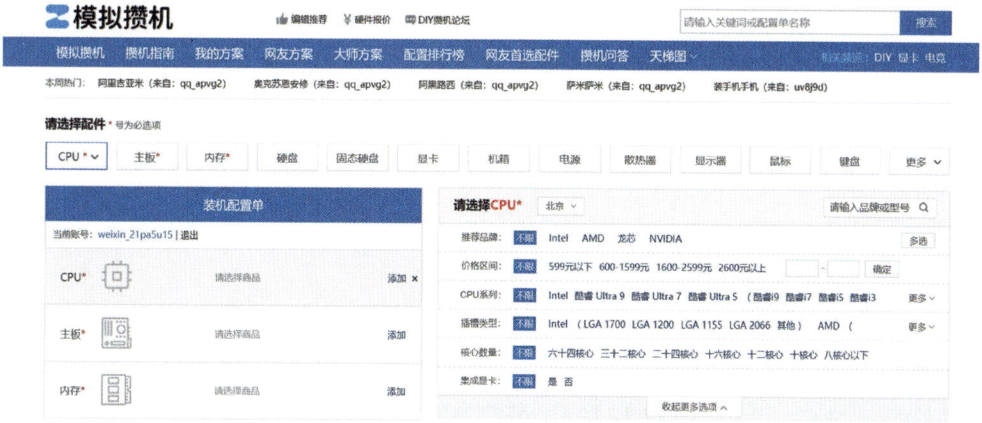

图 1-1-13　“模拟攒机”页面

一台计算机的配件主要有 CPU、主板、内存、硬盘、显卡、显示器、电源、机箱、网卡、键盘、鼠标、音箱等。

在本任务中，王小林选配的计算机主要用于专业设计，设计工作通常对计算机的要求较高，因此，在配件选择时需要关注 CPU、内存、硬盘及显卡等的性能参数。

（1）CPU。在选择 CPU 时首先要关注 CPU 的时钟频率（也称主频），它代表 CPU 每秒运算的次数，一般以 GHz 为单位。频率越高，CPU 的运行速度越快。其次要关注 CPU 的核心数，它代表了 CPU 内部集成处理器的数量，一般有单核、双核、四核等。核心数越多，CPU 的处理能力越强。

（2）内存。在选择内存时首先要关注内存的类型。目前，用于个人计算机的内存类型一般有 DDR4 和 DDR5，DDR5 的性能比 DDR4 的性能要高。其次要关注内存的时钟频率。最后还要关注内存的容量，容量越大，处理速度越快。

（3）硬盘。硬盘一般分为机械硬盘和固态硬盘，其容量越大，可存放的数据越多。机械硬盘容量大，运行速度相对较慢，但保存数据较为可靠，当硬盘出错不能运行时，一般可以通过专业工具恢复部分数据。固态硬盘容量相对要小，但运行速度快，固态硬盘出错时，数据一般不能恢复。目前一般采用双硬盘配置，即一块容量相对较小的固态硬盘用于存放操作系统，便于提高开关机速度；另一块容量相对较大的机械硬盘用于存放数据，便于数据保存。

（4）显卡。在选择显卡时首先要关注芯片类型。目前主要有 NVIDIA 显卡芯片系列和 AMD 显卡芯片系列，前者一般用于中高端的专业设计、游戏视频及科学计算等。此外，还要关注显存的时钟频率、类型，以及容量。

在该网站上还可以参考其他网友的方案和热门配置方案，最终确定适合自己的配置单。

选好全部配件后，即可生成装机配置单。

3. 发表配置单

单击配置单下方的“发表配置单”按钮，可以在网上发布个人的选配方案，供网友查看，还可以在评论区进行交流。

4. 确定装机方案

对于装机方案的优劣，可以从 5 个方面进行评价，具体评价指标见表 1–1–4。

表 1–1–4　装机方案评价指标

评价指标	具体内容
配置合理性	各硬件之间搭配是否合理，是否存在兼容性问题；配置是否存在冗余，例如，如果选择集成主板，就无须再配置独立显卡、声卡和网卡
市场普及度	尽可能选择市场上普及度较高的产品
性能价格比	在性能相近的情况下，可以选择较低价格的配件
个性化程度	满足用户的个性化需求
使用舒适度	对于机箱、鼠标、键盘等外部配件，可以尽量选择基于人体工程学设计的产品。选择机箱时还应考虑散热效率和噪声大小。选择鼠标时应考虑适配手型大小、鼠标本身的轻重以及滚轮的舒适度

巩固提高

在上面的任务中，王小林通过“攒机”的方式组装了一台计算机。作为计算机初学者，还可以直接选购品牌机作为个人的第一台计算机。请结合你的个人需求，在网络购物平台上模拟选购一台品牌机。

拓展与探究

芯片的发展历程

芯片，也称为集成电路（IC），是由非常小的电子元件（如晶体管、电容器等）组成的硅片。这些电子元件通过微细的线路连接，实现在小型化芯片上的电路功能，是现代电子设备中的核心部件。

芯片被广泛应用于多个领域，如计算机、通信、消费电子、航天航空等。在计算机领域，芯片用于控制中央处理器的运算和控制逻辑；在通信领域，芯片用于无线通信的调制、解调、编码和解码；在消费电子领域，芯片用于实现音频、视频、图像的编码、解码和处理等功能；在航空航天领域，芯片应用于飞行控制系统、导航系统，是飞行器不可或缺的重要组件。

芯片不仅是数字科技产业的核心，更是衡量一个国家科技实力和竞争力的重要标志。我国作为世界上最大的芯片消费国，却长期依赖国外供应芯片，这使得我们不得不面临被恶意制裁、中断供应乃至被技术控制的风险。在当前复杂的国际形势下，加快发展自主创新的芯片产业，已经成为国家战略和民族使命。

请查阅相关资料，了解国产芯片的发展历程，并谈谈你的看法。

1.2 使用操作系统

在没有安装任何软件的情况下，计算机就是一台“裸机”，很多任务都无法执行。只有安装了功能不同的软件后，计算机才能发挥它的作用。我们在使用计算机、智能手机等各种数字设备时，直接面对的是不同样式的操作界面，这个操作界面是数字设备的操作系统与用户之间的沟通桥梁。通过操作鼠标、键盘，甚至使用语音等方式，我们就可以向数字设备发布指令，以驱动硬件设备、操作各种软件，完成各种复杂的具体任务。

学习目标

1. 了解操作系统的概念和类型，能列举主流的操作系统。
2. 会安装、卸载应用程序和驱动程序。
3. 会进行图形用户窗口操作。
4. 会操作系统自带的常用程序。

任务1　设置操作系统

任务描述

王小林准备对新购置的计算机进行个性化设置，并安装美图秀秀应用软件。王小林设置好的桌面如图1-2-1所示。

图 1-2-1　桌面

知识储备

一、操作系统概述

操作系统是一种管理、控制和监督计算机硬件、软件资源协调运行的程序系统，由一系列具有不同控制和管理功能的程序组成。操作系统是直接运行在计算机硬件上的最核心的系统软件。从资源管理的角度来说，操作系统具有 CPU 管理、存储管理、设备管理、文件管理和作业管理五方面管理功能。

根据支持数字设备类型的不同，目前的主流操作系统分为桌面操作系统、服务器操作系统和移动端设备操作系统。

常见的桌面操作系统主要有在计算机上安装的 Windows、Linux、UNIX、macOS 等，常见的移动端设备操作系统主要有安卓、iOS、鸿蒙等。

二、Windows 操作系统常用设置

Windows 操作系统的常用设置主要包括系统设置、个性化设置、时间和语言设置等，可以通过“Windows 设置”窗口进行操作，也可以通过控制面板进行操作。

1. “Windows 设置”窗口

单击“开始”菜单中的“设置”选项，即弹出“Windows 设置”窗口，如图 1-2-2 所示。

（1）系统设置。系统设置主要包括屏幕、声音、通知和操作、电源和睡眠等，如

图 1-2-3 所示。其中，通过屏幕设置可以更改内置显示器的亮度，调整显示器分辨率，更改文本、应用等项目的大小等。

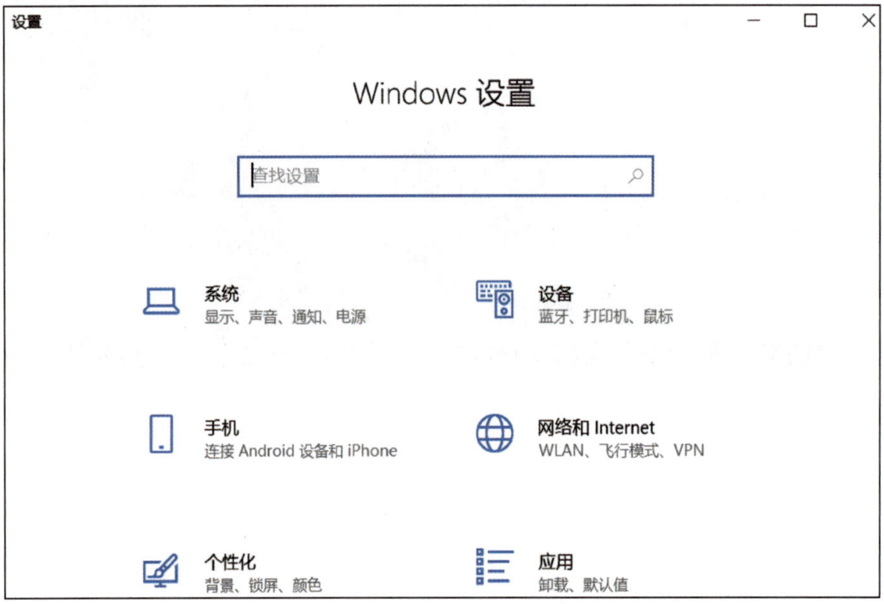

图 1-2-2 “Windows 设置”窗口

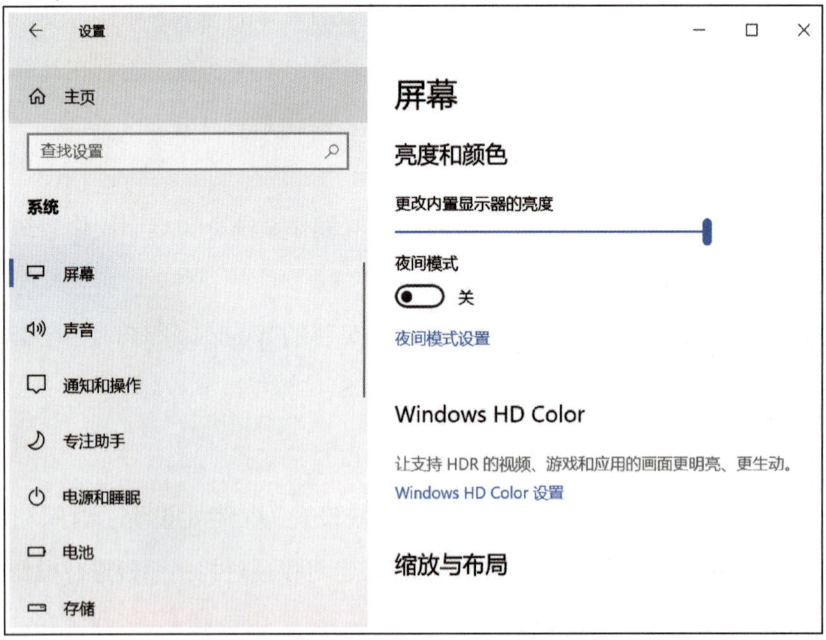

图 1-2-3 “系统设置”窗口

（2）个性化设置。除了基本的系统设置，还可以对背景、主题、字体等进行个性化设置，如图 1-2-4 所示。

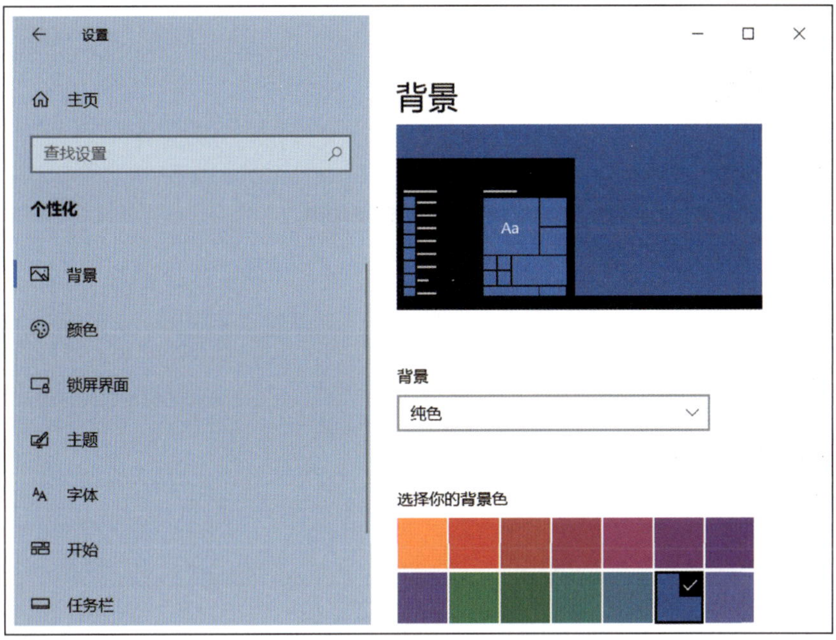

图 1-2-4 “个性化设置”窗口

（3）时间和语言设置。“时间和语言”窗口如图 1-2-5 所示。其中，日期和时间用于更改日期、时间、时区，以及添加不同时区的时钟，也可以设置与互联网时间同步的时钟。语言设置主要包括 Windows 显示、应用和网站、区域格式、键盘和语音等。设置输入法或修改切换输入法的快捷键可在“键盘”窗口中进行操作，如图 1-2-6 所示。

图 1-2-5 “时间和语言”窗口

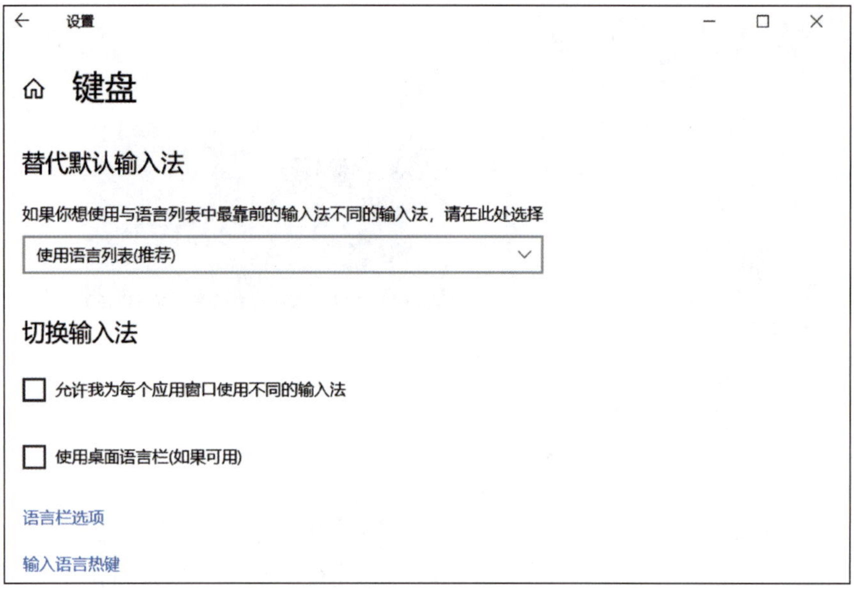

图 1-2-6 “键盘”窗口

2. 控制面板

控制面板是 Windows 操作系统中的一个重要组件，可以通过“开始”菜单访问。控制面板的主要功能是为用户提供查看和修改计算机基本设置的途径。“控制面板”窗口如图 1-2-7 所示。

图 1-2-7 “控制面板”窗口

三、应用程序的安装与卸载

1. 应用程序的安装

应用程序的安装通常有两种方法。

一是在线安装。即登录应用程序的官方主页，下载在线安装包，进行在线安装。

二是离线安装。通过网站下载离线安装包（即完整安装包），进行安装。

2. 应用程序的卸载

应用程序的卸载通常有三种方法。

一是使用应用程序自带的卸载工具进行卸载，二是使用控制面板的“程序和功能”进行卸载，三是使用第三方工具软件进行卸载。

任务分析

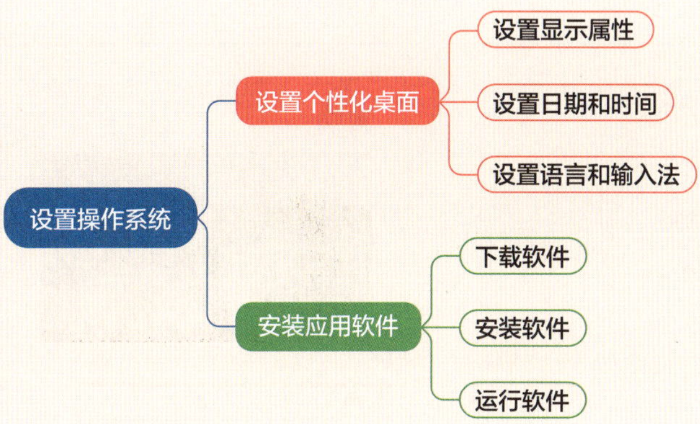

任务实践

下面我们就与王小林一起，对计算机操作系统进行设置，并安装美图秀秀应用软件。

1. 设置个性化桌面

（1）设置显示属性。在显示属性下，主要对分辨率和桌面背景进行设置。

1）设置分辨率。单击“开始”菜单中的“设置”命令，在弹出的“Windows设置”窗口中单击“系统”选项，选择“屏幕”，设置分辨率为 1 920 × 1 080，如

图 1-2-8 所示。

2）设置桌面背景。在“Windows 设置”窗口中单击“个性化”选项，在左侧栏中选择“背景”，在右侧栏中设置桌面背景为“图片”（也可以选择纯色或幻灯片放映），如图 1-2-9 所示，并自选一张图片。

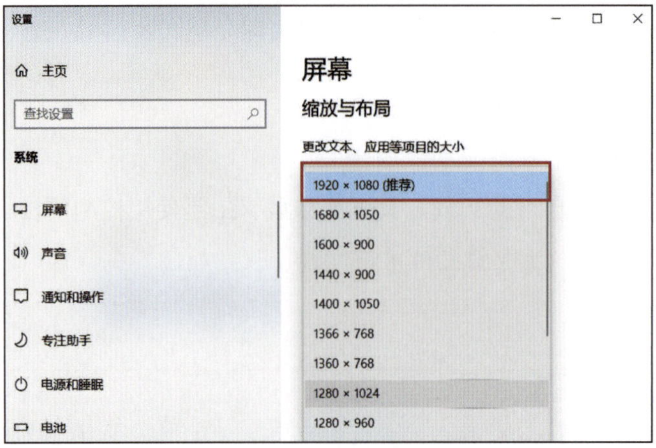

图 1-2-8　设置分辨率

图 1-2-9　设备桌面背景

（2）设置日期和时间。日期和时间的设置可以通过手动或自动调整完成。

1）手动调整时间。在“Windows 设置”窗口中单击“时间和语言”选项，弹出“日期和时间”窗口，关闭“自动设置时间”，即可以通过手动调整时间，如图 1-2-10 所示。

单击“手动设置日期和时间”下的“更改”按钮，在弹出的对话框中更改日期和时间，如图 1-2-11 所示。

图 1-2-10　关闭“自动设置时间”

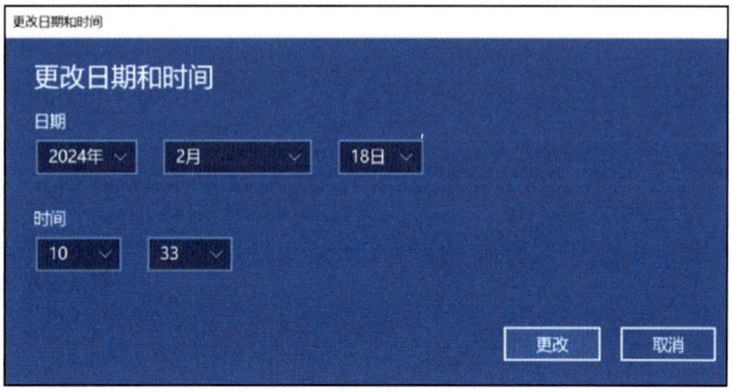

图 1-2-11　更改日期和时间

2）自动调整时间。打开“自动设置时间”，单击“立即同步”按钮，使本地计算机时间与互联网上的时间服务器同步。

（3）设置语言和输入法。语言和输入法的设置在“时间和语言”选项中完成。

1）设置语言。在“时间和语言”选项中选择“语言”，设置显示语言为“中文”。

2）设置输入法。在“语言”选项右侧窗口中选择“键盘”，选择一种你想使用的输入法。

实用技巧

在设置输入法时，也可以通过单击任务栏右侧的输入法图标，在弹出的快捷菜单中选择相应的输入法，即可快速设置输入法，如图 1-2-12 所示。

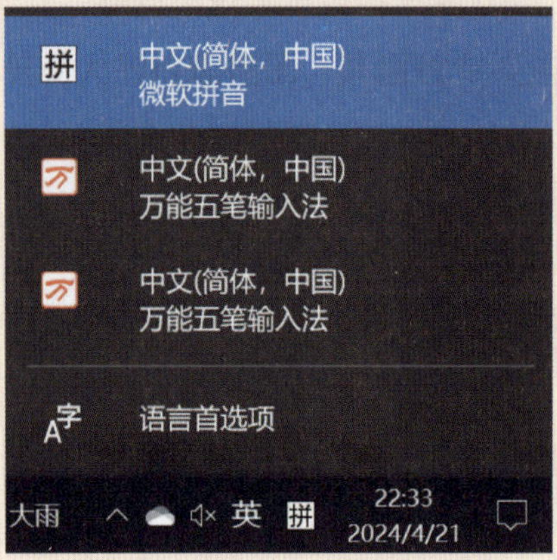

图 1-2-12　快速设置输入法

2. 安装应用软件

（1）下载软件。登录美图秀秀官方网站，进入“下载中心”，选择适用于 Windows 操作系统的版本软件，单击“立即下载”，如图 1-2-13 所示。

图 1-2-13　美图秀秀软件下载页面

（2）安装软件。下载后双击安装包图标“”，选择默认安装目录（如 C:\Program Files），自动进行安装。

（3）运行软件。通常情况下，软件安装成功后桌面会出现该软件的快捷方式图标，双击该图标，即可启动该软件，如图 1-2-14 所示。

图 1-2-14　美图秀秀操作窗口

巩固提高

由于学习的需要，王小林还想安装专业的图片编辑软件。为了节省存储空间，他准备卸载之前安装的美图秀秀。你能帮他一起操作吗？试一试，可以通过哪几种方法进行软件卸载的操作。

任务 2　管理信息资源

任务描述

王小林平时喜欢摄影，他将拍摄的照片导入计算机后发现，照片的数量较多，看起来比较凌乱。为了便于以后查看和使用，王小林准备对这些照片进行分类和整理。

整理前后的文件夹如图 1-2-15 所示。

图 1-2-15　整理前后的文件夹效果

知识储备

一、文件与文件类型

文件是一组相关信息的组合，以文件名来管理和供用户访问。文件名包括主文件名和扩展名。主文件名即用户通常所说的文件名，它体现文件的内容，而扩展名则指明文件的类型。

文件的类型包括文本、图片、音频、视频、程序等，不同类型的文件规定了不同的扩展名，见表 1-2-1。

表 1-2-1　常见文件扩展名及其含义

扩展名	含义
.com .exe	可执行命令文件
.sys	系统文件
.hlp	帮助文件
.docx	Word 文档
.xlsx	Excel 电子表格文件
.txt	文本文件
.wav .mp3	声音文件
.pptx	幻灯片文件
.jpg .jpeg .png	图片文件
.avi .mp4 .wmv	视频文件

文件的命名一般遵循“见名知义”的原则，含义应清晰明确，主要有以下规则。

（1）主文件名可以由 1 ~ 255 个半角字符组成。

（2）主文件名可以使用英文字母、汉字、数字，以及一些符号等。

（3）文件名中的英文字母不区分大小写。

（4）文件名不能使用“? \ * < > | / " :”这些符号。其中符号“*”和“?”作为通配符使用。“*”代表任意一串字符，“?”代表任意一个字符。

（5）文件名可以有多个间隔符，如 user1.picture.234。

二、文件夹与目录树

文件夹是用户在硬盘上建立的一块存储空间，可以把相关的文件或文件夹都放在一个文件夹里。文件夹的命名规则与文件的命名规则相同，但是没有扩展名。

文件夹像一个文件容器，便于分门别类地管理文件。每一个文件夹都有一个名称，文件夹中可以再建子文件夹，多层级的文件夹就形成了一个目录树，如图 1-2-16 所示。

在 Windows 操作系统中，文件目录结构的表示通常使用“\”进行分隔。

例如：C:\DRIVERS\Chipset\DriverFiles\production\W2K16-x64。

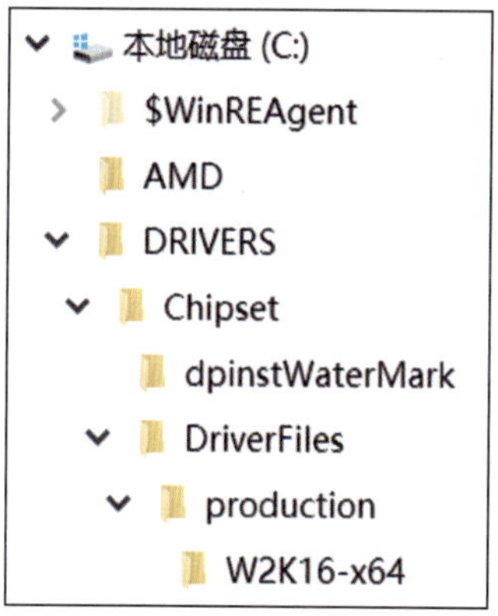

图 1-2-16　目录树

三、文件和文件夹的操作

1. 新建文件或文件夹

双击“此电脑”图标，打开文件资源管理器，进入某个目录中，右击内容窗格空白处，在弹出的快捷菜单中选择“新建 / 文件夹”命令，即在窗口中新建一个文件夹，在文件夹名处输入名称，按“Enter”键即可完成文件夹的创建。新建文件的方法与新建文件夹类似，在快捷菜单中选择相应的文件类型即可。

2. 选中文件或文件夹

当需要移动或复制文件、文件夹时，必须先选中所需的文件或文件夹。

（1）选中单个文件或文件夹。单击窗口内容区域中的文件或文件夹图标，可选中该文件或文件夹。

（2）选中所有文件或文件夹。从窗口内容区域的某一个顶角处向其对角拖动鼠标，或单击菜单栏中的“主页 / 全部选择”命令，也可以按“Ctrl+A”快捷键，即可选中当前文件夹中的所有文件或文件夹。

（3）选中一组连续的文件或文件夹。单击鼠标选中一组连续文件或文件夹中的第一个，接着按住“Shift”键，再单击这一组的最后一个文件或文件夹。

（4）选中不连续的文件或文件夹。单击鼠标选中一个文件或文件夹后，按住“Ctrl”键不放，再依次单击想要选中的其他文件或文件夹。

3. 复制、粘贴文件或文件夹

选中要复制的文件或文件夹，按“Ctrl+C”快捷键，进行复制。接着打开目标文件夹，单击内容窗口区域，按“Ctrl+V”快捷键，即可粘贴文件或文件夹。

4. 移动文件或文件夹

选中要移动的文件或文件夹，按“Ctrl+X”快捷键，进行剪切。接着打开目标文件夹，单击窗口内容区域，按“Ctrl+V”快捷键，文件或文件夹即移动至目标文件夹。

5. 删除、恢复文件或文件夹

（1）删除文件或文件夹。删除文件或文件夹可以分为临时删除和彻底删除。

1）临时删除。临时删除是指将删除的文件或文件夹移动到回收站内，用户还可以将它们还原到原来的位置。临时删除常用的方法有 3 种。

一是选中要删除的文件或文件夹，单击文件资源管理器中的“主页 / 删除”菜单命令，在弹出的“确认文件删除”对话框中单击“是”按钮，即删除选中的文件或文件夹。

二是选中要删除的文件或文件夹，按“Delete”键，在弹出的“确认文件删除”对话框中单击“是”按钮，即删除选中的文件或文件夹。

三是右击要删除的文件或文件夹，在弹出的快捷菜单中选择“删除”命令，也可以删除文件或文件夹。

使用以上这几种方法删除的文件或文件夹都会被移动至回收站中。在回收站中单击“清空回收站”，则将彻底删除所有的文件或文件夹。

2）彻底删除。彻底删除是指被删除的文件或文件夹不在回收站里出现，也无法还原。文件和文件夹也可以直接被彻底删除，不需要经过回收站。方法是按住“Shift”键，同时使用上述任意一种方法，在弹出的“确认文件删除”对话框中单击“是”按钮，即可彻底删除选中的文件或文件夹。

（2）恢复文件或文件夹。还原回收站中被临时删除的文件或文件夹的操作步骤如下。

首先双击“回收站”图标，打开“回收站”窗口。

接着选中要恢复的临时删除文件，单击菜单栏中的“回收站工具 / 还原选定的项目”命令，即可还原选中的文件。也可以用鼠标右击选中的文件或文件夹，在弹出的快捷菜单中选择“还原”命令。

在刚刚完成对象的复制、移动或临时删除等操作时，又想取消进行的操作，可以按“Ctrl+Z”快捷键，即可返回刚刚操作的前一步。

6. 重命名文件或文件夹

鼠标右击某个文件或文件夹，在弹出的快捷菜单中选择“重命名”命令，输入新的名称，按“Enter”键即可。

7. 搜索文件或文件夹

在搜索栏中输入搜索内容的关键字，即可以搜索相应的资料。例如，在搜索栏中输入“照片”，内容窗口区域即显示在“此电脑”中的搜索结果，如图 1-2-17 所示。

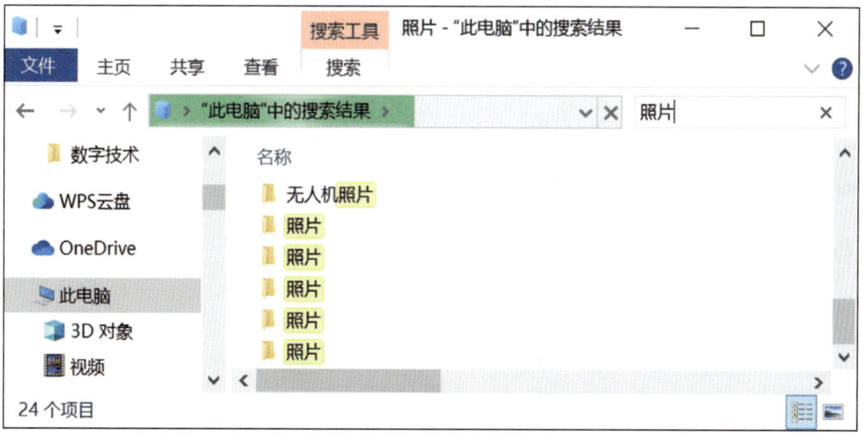

图 1-2-17　搜索文件或文件夹

8. 创建快捷方式

鼠标右击某个文件或文件夹，在弹出的快捷菜单中选择“创建快捷方式”命令，即可完成创建。

任务分析

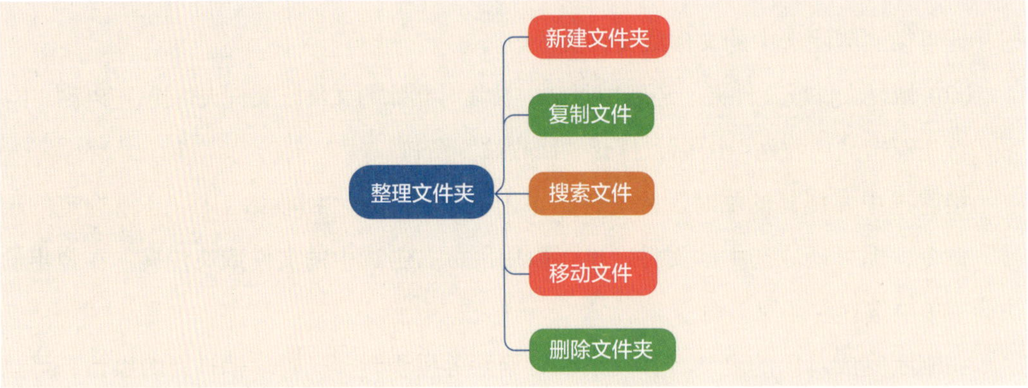

任务实践

接下来让我们跟王小林一起，对目前存放在计算机 D 盘“Camera”文件夹中的照片进行分类和整理。

1. 新建文件夹

在计算机 D 盘下，新建一个文件夹。将文件夹的名称命名为“照片”。在“照片”文件夹中再新建两个子文件夹，分别命名为“安徽黄山”和“江西婺源”。

2. 复制文件

选中 D 盘“Camera”文件夹中的所有图片，并复制到 D 盘的“照片”文件夹中。原“Camera”文件夹中的照片可临时作为备份。

3. 搜索文件

（1）打开 D 盘中的“照片”文件夹。

（2）单击“搜索”栏，在“搜索工具”选项卡中单击“修改日期”，设置搜索时间为“2024 年 2 月 13 日”，在搜索内容中输入“.jpg”，如图 1-2-18 所示。

搜索后查找到 2024 年 2 月 13 日在安徽黄山拍摄的照片，如图 1-2-19 所示。

4. 移动文件

（1）在已查找的文件中，选中要移动的文件，按“Ctrl+X”快捷键进行剪切操作。

（2）打开“安徽黄山”文件夹，按“Ctrl+V”快捷键进行粘贴操作，将文件移动到对应的文件夹中。

使用同样的方法，查找 2024 年 2 月 14 日拍摄的江西婺源的照片，并移动到对应的文件夹中。

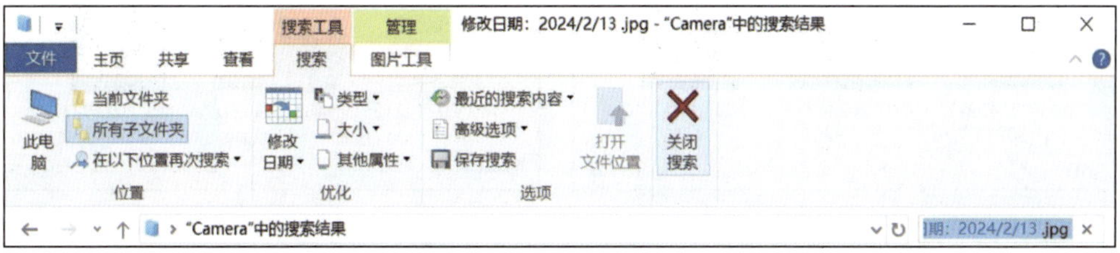

图 1-2-18　搜索文件

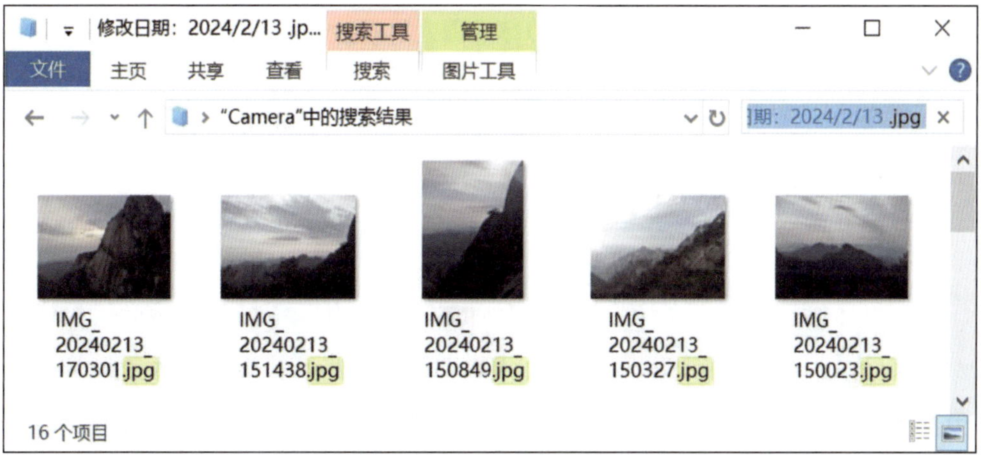

图 1-2-19　搜索结果

5. 删除文件夹

（1）选中 D 盘中的“Camera”文件夹。

（2）按“Delete”键，在弹出的“删除文件夹”对话框中单击“是”按钮，完成删除操作。

巩固提高

当对文件进行重命名时，经常会无意间修改了文件的扩展名，从而修改了文件的类型，最终导致打开文件时显示出错信息。为了避免这一情况，可以将文件的扩展名进行隐藏。请尝试完成文件扩展名的隐藏与显示，如图 1-2-20 所示。

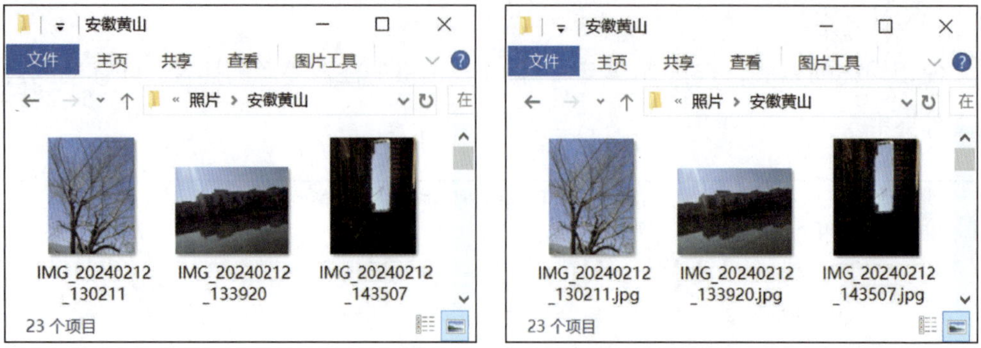

图 1-2-20　文件扩展名的隐藏与显示效果图

任务 3　维护信息系统

任务描述

王小林家里只有一台计算机，供他和家人一起使用。经过一段时间的使用后，桌面信息非常凌乱。小林希望创建自己的用户桌面，这样每次登录计算机时即可选择自己的操作系统桌面。他该如何设置呢？

创建新用户并登录后的桌面效果如图 1-2-21 所示。

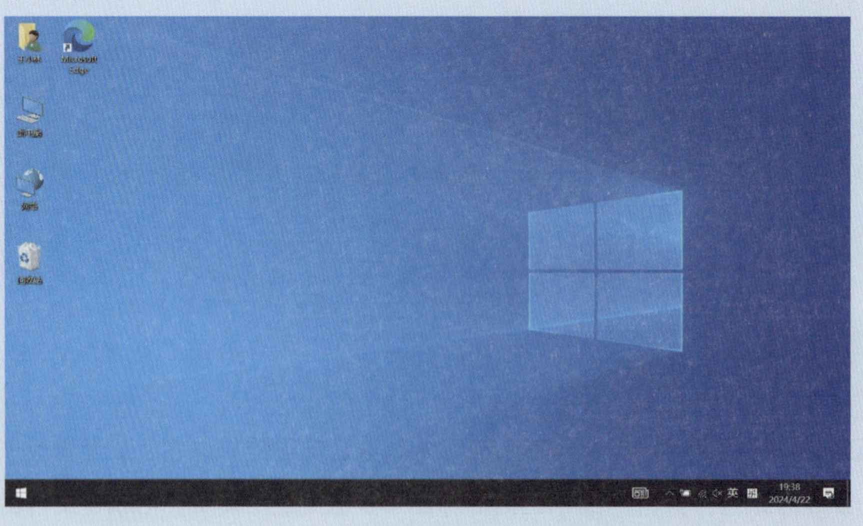

图 1-2-21　创建新用户并登录后的桌面效果

知识储备

一、用户管理

在计算机中，我们可以通过设置用户权限，指定用户访问特定的资源。这样做不仅可以保证不同用户的数据安全，还可以多人共享一台计算机，提高计算机的使用效率。

1. 用户类型

用户类型包括管理员、普通用户（标准用户）和来宾用户等。

管理员拥有最高级别的权限。使用管理员账户登录系统，则有权更改其他用户的权限，可以进行任意操作并查看所有信息。在操作系统安装过程中创建的第一个用户一般是具有管理员权限的用户，系统中至少要有一个管理员用户。

普通用户适用于日常信息处理，未经授权不能进行系统的更改，也不能查看其他用户的信息。

来宾用户是可供临时访问网络或只访问网络一次的用户使用的账户，只有少部分的访问权限。默认情况下，该账户是禁止登录的，如果要使用，必须修改其属性。

2. 创建新用户

可以通过以下两种方法创建新用户。

（1）右击桌面上的“此电脑”，在弹出的快捷菜单中选择“管理”命令，弹出“计算机管理”窗口，展开左窗口的“本地用户和组”，右击“用户”选项，在快捷菜单中选择“新用户”，弹出“新用户”对话框，填写用户名及密码等信息，即完成创建，如图 1-2-22 所示。

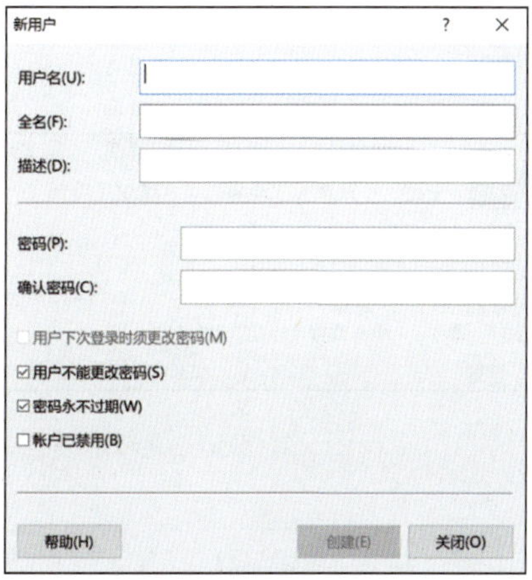

图 1-2-22　创建新用户的方法一

（2）在“控制面板”中选择“用户账户”选项，弹出“用户账户”窗口，单击“管理其他账户”选项，如图 1-2-23 所示。根据提示操作即可完成新用户的创建。

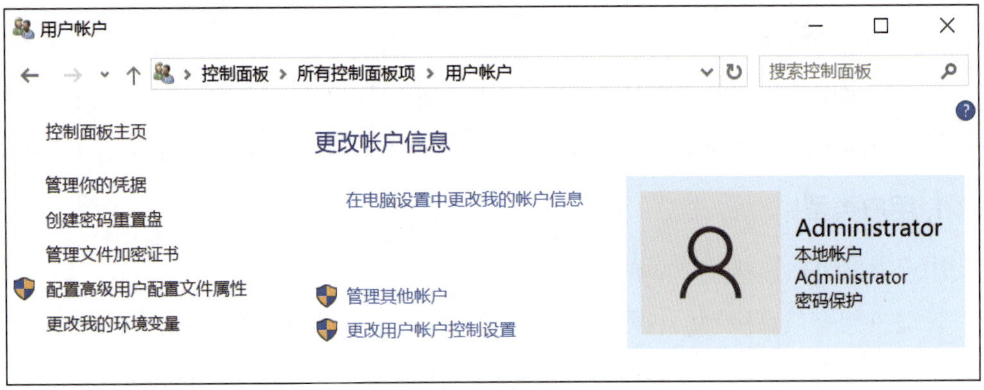

图 1-2-23　创建新用户的方法二

3. 设置用户权限

如果要对用户权限进行更改，只需更改用户的类型。更改时需要先以管理员身份登录，然后在“用户账户”窗口中选择“管理其他账户”选项，选择需要更改的账户名，在弹出的“更改账户”窗口中选择“更改用户类型”，即可完成用户权限的设置。

二、回收站管理

回收站是硬盘上一个用于临时存放用户删除文件的空间。从硬盘上删除任何项目时，Windows 会将该项目临时存放在回收站中，而从 U 盘上删除的项目将被永久删除，不会被存放到回收站。

1. 使用回收站

在回收站中可以进行清空回收站、还原所有项目、还原选定的项目、设置回收站属性等操作，如图 1-2-24 所示。

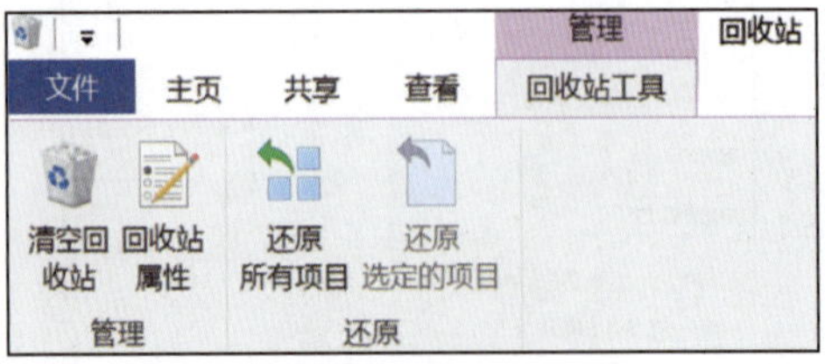

图 1-2-24　使用回收站

2. 设置回收站属性

单击“回收站属性”选项，可以设置回收站所占各磁盘的空间大小，以及是否显示删除确认对话框等，如图 1-2-25 所示。

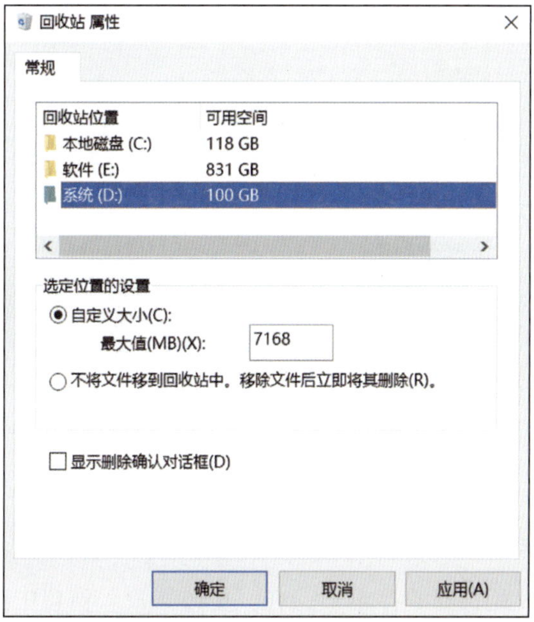

图 1-2-25　设置回收站属性

任务分析

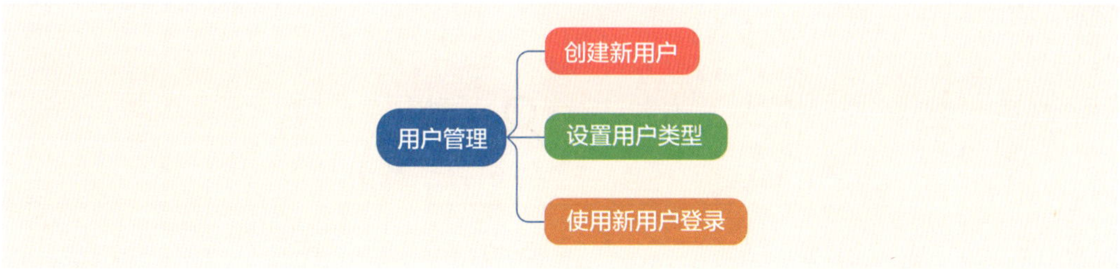

任务实践

下面我们就跟王小林一起，在家庭共用计算机上为自己设置一个新用户。

1. 创建新用户

我们使用前述方法一创建新用户。在弹出的“新用户”对话框中输入如图 1-2-26 所示的相关信息，自行设置密码，并设置相关选项，随后单击“创建”按钮，即创建了一个名为“王小林”的新用户。

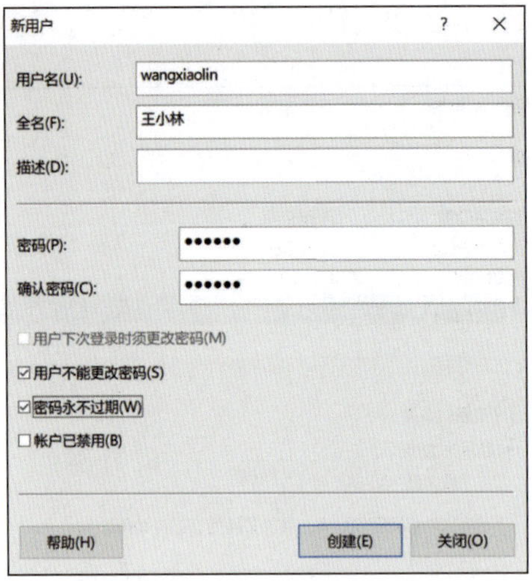

图 1-2-26　创建新用户

2. 设置用户类型

打开“控制面板 / 用户账户”窗口，在“更改账户”窗口中选择“王小林”账户，进入“更改账户”窗口，选择“更改账户类型”，如图 1-2-27 所示。

在弹出的“更改账户类型”窗口中，将王小林的普通账户更改为管理员账户，并单击“更改账户类型”按钮，如图 1-2-28 所示。

图 1-2-27　更改王小林的账户

图 1-2-28　“更改账户类型”窗口

3. 使用新用户登录

在“开始”菜单中选择新用户“王小林”登录，即可创建“王小林”的新桌面。

巩固提高

通过创建新用户，王小林已经拥有了个人桌面，但各磁盘中的文件若没有重新设置访问权限，则所有用户都可以查看。为了更好地保护个人资料，就要对文件夹的访问权限进行个性化的设置。请尝试修改 D 盘“照片”文件夹的查看与修改权限，使只有王小林能够查看或修改此文件夹。

拓展与探究

测试与维护系统

操作系统是一个庞大的软件系统，在设计过程中可能会出现漏洞或功能不完善的情况，需要定期更新，以保证系统的稳定性和安全性。主流的操作系统一般自带更新工具，只要设备联网，就可以自动或手动更新操作系统，也可以使用第三方测试与维护工具软件进行检测并更新。

如果要了解数字设备的性能指标和运行状态，可以对系统进行测试，当测试出问题时，可采取对应的维护措施。当前测试与维护系统的专用工具软件有很多，如适用于 Windows 操作系统的金山毒霸、鲁大师、电脑管家等，适用于 Linux 操作系统的 Stacer、Stress 等，适用于手机非 iOS 操作系统的手机卫士、手机管家等，以及专用于 CPU 测试的 CPU-Z 和显卡测试的 GPU-Z 等。

请查阅相关资料，自选一款数字设备，下载安装与操作系统匹配的测试与维护软件，对操作系统进行诊断评估和系统优化。

1.3 连接互联网

在数字时代，计算机网络使得信息能在全球范围内迅速传递，不仅实现了资源共享，还极大地推动了全球经济的发展以及技术上的创新。同时，计算机网络也深刻地改变了我们的生活方式。人们可以通过网络购物、在线学习以及远程办公，享受更加便捷的生活与工作模式。理解计算机网络的构成及基本原理，并熟知如何连接到网络，是开启数字时代大门的钥匙。掌握并熟练运用常用的网络工具，也已成为我们学习、生活和工作中不可或缺的数字技能。

学习目标

1. 了解计算机网络及其发展历程。
2. 了解计算机网络的组成和基本原理。
3. 了解常见的计算机网络设备。
4. 会连接和配置网络。
5. 会判断和排除网络连接的简单故障。
6. 会搜索和下载网络信息资源。
7. 掌握常见网络工具的使用方法。

任务 1　配置网络

任务描述

为了能够上网获取更多学习资源，王小林需要将新购置的计算机接入学校的网络。学校当前提供两种网络连接方式：以太局域网和无线局域网。请分别以两种方式帮助王小林连接到学校网络，并进行网络配置。配置完成后如果无法访问互联网，请尝试判断并排除故障。

正确配置网络后，在 Windows 任务栏的右侧通知区域会显示网络连接图标“ ”（以太局域网）或“ ”（无线局域网）。

知识储备

一、计算机网络概述

计算机网络是指将不同地理位置的具有独立功能的多台计算机及外部设备，通过通信线路及网络设备连接起来，在网络操作系统、网络管理软件以及网络通信协议的管理和协调下，实现资源共享和信息传递的计算机系统。

1. 计算机网络发展历程

计算机网络的发展速度非常迅猛，其应用范围也越来越广泛，大致可以分为 4 个阶段，如图 1-3-1 所示。

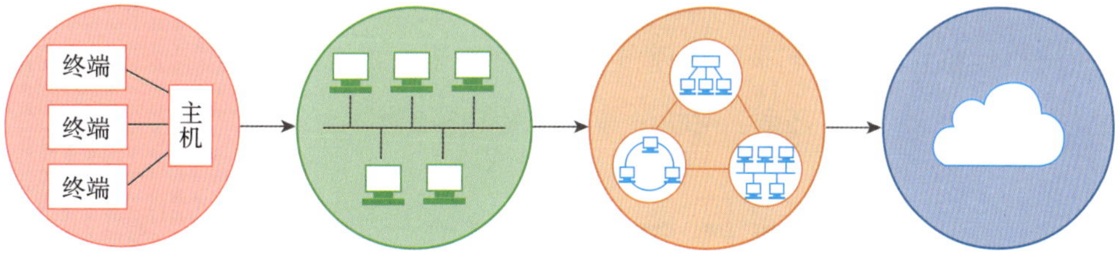

图 1-3-1　计算机网络发展的 4 个阶段

2. 局域网、城域网、广域网

互联网（Internet）是一种全球性的计算机网络。它是由各种不同类型的计算机网络相互连接而形成的一个庞大网络，可以让全球范围内的设备互相通信和交换信息。

按照覆盖的地理范围进行分类，计算机网络可以分为局域网、城域网和广域网三类。

局域网（LAN）通常局限于较小的地理范围内，如家庭、办公室或工厂等，是一种私有网络。

城域网（MAN）的覆盖范围通常可以延伸到整个城市，为城市的政务、交通、医疗、教育等各个领域提供高速、稳定的数据传输服务。

广域网（WAN）则覆盖较大的地理范围，其通过专线连接不同地区的局域网，如跨国公司不同地域的局域网连接起来的广域网。

3. 互联网社会

互联网社会是指信息时代的社会，是网络化与信息化塑造出的崭新社会经济形态。

在互联网社会中，信息的查找与发布、在线交流沟通、网络社交、科学研究、商业活动等成为人们日常生活的重要组成部分。互联网的发展以惊人的速度逐步颠覆了人们的生活方式，已然成为现实社会生活中不可或缺的组成部分。

4. 互联网应用

随着数字时代的到来，互联网已经成为人们日常工作和生活的基石，其应用范围涵盖信息检索、网络通信、网络社区交流、网络娱乐、网络媒体传播、电子商务交易、网络金融服务、网上教育等多个领域。

二、计算机网络的组成

一个完整的计算机网络由物理网络、通信协议和网络应用程序组成。

1. 物理网络

物理网络是传播信息的实际载体，包括网络设备、服务器，以及各种终端客户机。

由网络设备互相连接起来的物理布局称为网络拓扑结构。网络拓扑结构可按形状分类，有总线型、星型、环型、网状型等，如图 1–3–2 所示。

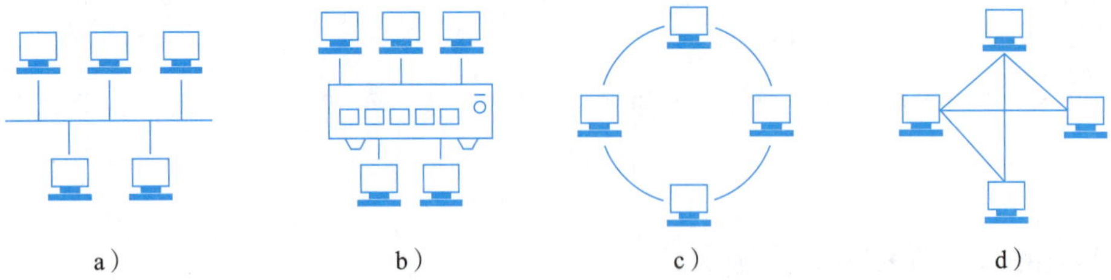

图 1–3–2　计算机网络的拓扑结构

a）总线型　b）星型　c）环型　d）网状型

2. 通信协议

通信协议是网络终端之间信息交换和资源共享所遵守的规则。

（1）ISO/OSI 和 TCP/IP 协议模型。ISO（国际标准化组织）提出的 OSI（开放系统互联）是网络互联的标准概念模型。OSI 是一个在制定标准时所使用的概念性框架，其定义了网络互联的七层框架：物理层、数据链路层、网络层、传输层、会话层、表示层和应用层。

在实际应用中，网络通信协议有很多种，其中最为常见和重要的是 TCP/IP 协议。它包括了 TCP（传输控制协议）和 IP（网际协议）两个部分，分别负责数据的可靠传输和地址寻址。通过 TCP/IP 协议，各种设备都能够在互联网上进行相互通信和数据交换。

ISO/OSI 和 TCP/IP 协议模型如图 1–3–3 所示。

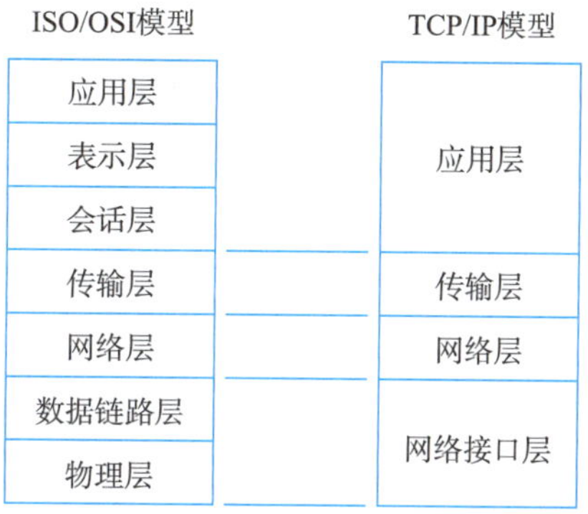

图 1–3–3　ISO/OSI 和 TCP/IP 协议模型

（2）IP 地址。在互联网中，网络中的两台主机进行通信时，其传送的数据包里必须包含附加信息的地址信息（即发送数据的计算机的地址和接收数据的计算机的地址），以保证通信主机间的正确路由。

互联网采用一种全局通用的地址格式，为网络中的每一台主机都分配一个唯一的地址，称为 IP 地址。

目前，互联网中使用最为广泛的 TCP/IP 协议标准为 IPv4 版本，其规定 IP 地址由 32 位二进制数组成。为了阅读方便，一般采用点分十进制表示法，即每 8 位为一组，中间用“.”隔开。例如，“10101100 00010000 00000000 00000001”转换为点分十进制是“172.16.0.1”。

每一个 IP 地址都由两部分组成：网络 ID 和主机 ID。网络 ID 用于标识子网，主机 ID 用于标识该子网中的主机。IP 地址使用子网掩码来区分网络 ID 和主机 ID。在子网掩码中，值为 255 的部分对应 IP 地址中的网络 ID，值为 0 的部分对应主机 ID。例如，如果某主机的 IP 地址为 172.16.0.1，子网掩码为 255.255.0.0，则其网络 ID 为 172.16.0.0，主机 ID 为 0.0.0.1。

IPv6 的 TCP/IP 协议标准规定，IP 地址由 128 位二进制数组成。

（3）域名服务。互联网上计算机之间的 TCP/IP 通信是通过 IP 地址来进行的，互联网上的计算机都有一个唯一的 IP 地址。由于 IP 地址是基于数字来标识的，如 183.192.188.228，不容易记忆，所以人们使用计算机域名来表示地址，如 jg.class.com.cn。

互联网使用域名系统（domain name system，缩写为 DNS）来管理计算机域名与 IP 地址的对应关系。用户先在域名系统中注册域名及与其对应的 IP 地址。当需要使用域名进行通信时，DNS 客户机通过查询 DNS 服务器将此域名解析为相对应的 IP 地址信息，然后通过 IP 地址进行通信。

（4）统一资源定位器。统一资源定位器（uniform resource locator，缩写为 URL），是专为标识网上资源（如各种文档、图像等）位置而设定的一种编址方式，我们平时所说的网页地址指的就是 URL，它一般由以下几部分组成。

传输协议 :// 主机 IP 地址（或域名地址）[: 端口号]/ 资源所在路径和文件名

例如，https://jg.class.com.cn/cms/miniCourse.htm 指向技工教育网的微课程网页。

3. 网络应用程序

网络应用程序为网络提供各种具体的服务，如 Web 服务、邮件服务、网络即时通信服务等。

三、计算机网络互联设备

计算机网络互联设备是指实现网络互联的关键设备，每种互联设备提供相应的数据处理和传输任务。常见网络互联设备如图 1–3–4 所示。

a）　　b）　　c）　　d）

图 1–3–4　常见网络互联设备

a）网卡　b）交换机　c）路由器　d）无线路由器

1. 网卡

网卡又称通信适配器、网络适配器或网络接口卡，是一种允许计算机在网络上进行通信的计算机硬件。例如，与校园网连接的以太网卡，与无线局域网连接的无线网卡等。一般台式计算机主板会集成以太网卡，笔记本电脑会集成无线网卡。

2. 交换机

交换机是连接多个网络设备（如服务器、主机、打印机、路由器等），使它们在同一局域网内实现相互通信的网络互联设备。

3. 路由器

路由器是连接两个或多个网络的网络互联设备。路由器能够理解不同的网络协议，可以根据选定的路由算法把各数据包按照最佳路线传送到指定位置。

路由器分为有线路由器和无线路由器。有线路由器通过有线方式连接网络，可提供更快的速度和更稳定的网络性能。无线路由器通过无线信号连接网络，允许无线设备（如智能手机、平板电脑、笔记本电脑等）接入网络，为用户提供了极大的便利性，用户可以在无线信号覆盖范围内自由移动，同时保持网络连接。

其他常见网络互联设备还包括集线器、防火墙等。集线器用于连接网络中的多个设备，各端口共享带宽，目前已逐渐被更高性能的网络交换机所取代。防火墙是架设在内部网络和外部网络间的硬件设备，可以双向监测、限制、更改跨越防火墙的数据流，以便实现网络的安全保护。

四、连接和配置网络

个人终端设备可以通过有线方式连接到以太局域网，也可以通过无线方式连接到无线局域网。根据连接方式的不同，需要进行不同的配置。

1. 连接到以太局域网

以太局域网的基本构成如图 1-3-5 所示，其常见应用场景是企业网络，它以交换机为核心，终端设备（如服务器、台式机、笔记本电脑、网络打印机等）可以通过交换机连接在一起。通过路由器可以连接到外部网络和互联网。

配备以太网卡的个人计算机可以通过 RJ-45 接口和双绞线与交换机或集线器相连，从而连接到以太局域网。如果使用静态 IP 地址，还需要配置正确的 IP 地址信息。

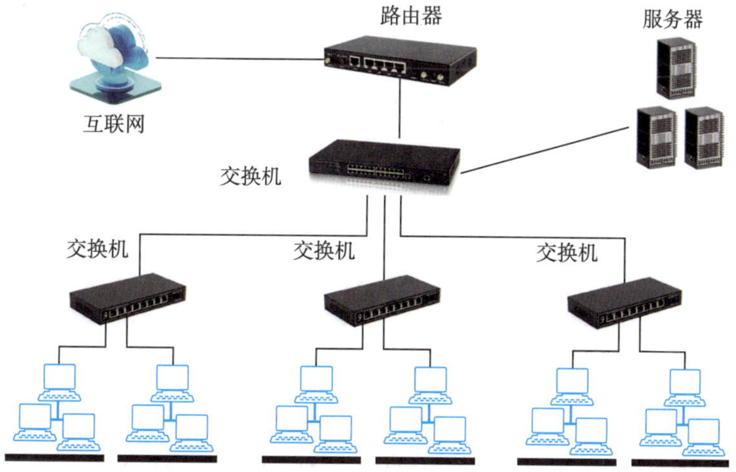

图 1-3-5　以太局域网的基本构成

2. 连接到无线局域网

无线局域网的基本构成如图 1-3-6 所示，其常见的应用场景是家庭或公共场所。终端设备（如笔记本电脑、平板电脑、智能手机等）可以通过无线路由器连接到互联网。

配备无线网卡的个人计算机可以通过无线热点与无线路由器相连，输入正确的密码信息后，即可连接到无线局域网。

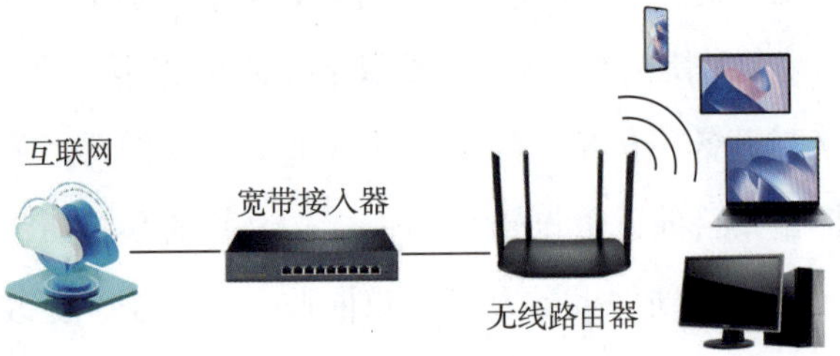

图 1-3-6　无线局域网的基本构成

任务分析

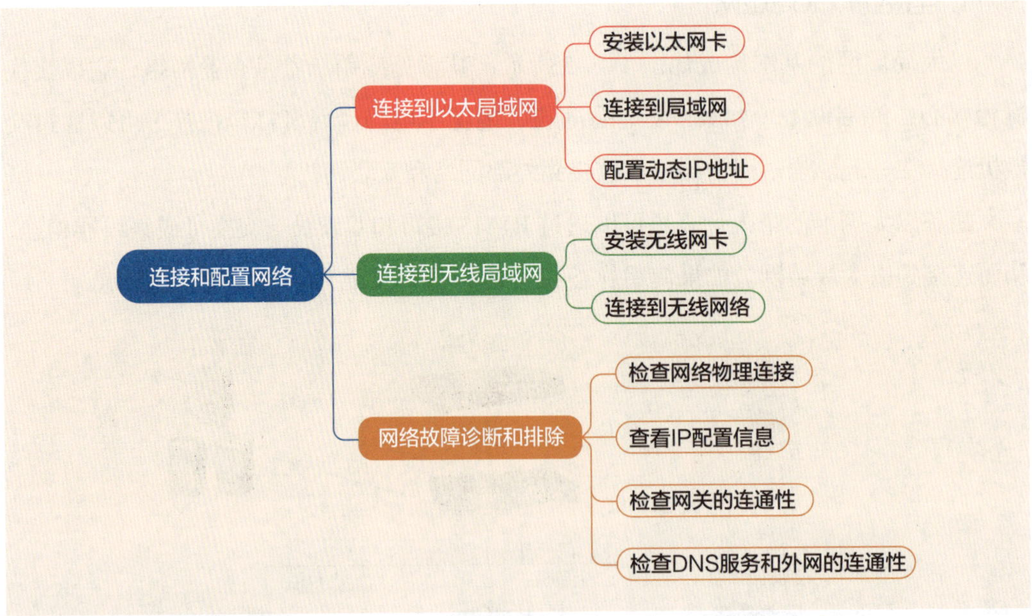

任务实践

下面我们就帮助王小林，将计算机接入学校网络。

1. 连接到以太局域网

（1）安装以太网卡。台式计算机或非轻薄笔记本电脑一般都配备以太网卡，安装 Windows 操作系统时，会自动识别安装驱动程序。轻薄笔记本需购买 USB 接口以太网卡，将其插入 USB 接口时，系统会自动识别安装驱动程序，按提示进行安装即可。

（2）连接到局域网。机房或办公用台式计算机一般会提供连接到交换机的网络接口，使用 RJ-45 接口的双绞线可以实现物理连接。

（3）配置动态 IP 地址。大多数以太局域网会提供动态主机配置协议（dynamic host configuration protocal，缩写为 DHCP）服务，通过以太网卡连接到局域网时，Windows 的 DHCP 客户端会自动请求 DHCP 服务器，从而实现 IP 地址信息的自动配置。

Windows 系统默认设置为动态主机配置，可通过以下步骤查看：在“Windows 设置”对话框中选择“网络和 Internet/ 以太网”，在“IP 设置 / IP 分配”下显示“自动（DHCP）”，如图 1-3-7 所示。

图 1-3-7　动态主机配置

如果以太局域网没有提供 DHCP 服务，则需要录入网络管理员提供的 IP 地址信息（IP 地址、子网掩码、默认网关、DNS 服务器），完成 IP 配置。具体操作如下：选择

“网络和 Internet/ 以太网”，在“IP 设置 /IP 分配”下单击“编辑”按钮，打开“编辑 IP 设置”对话框，设置为“手动”，IPv4 设置为“开”，在 IP 地址栏下输入网络管理员提供的 IP 地址信息，单击“保存”，如图 1–3–8 所示。

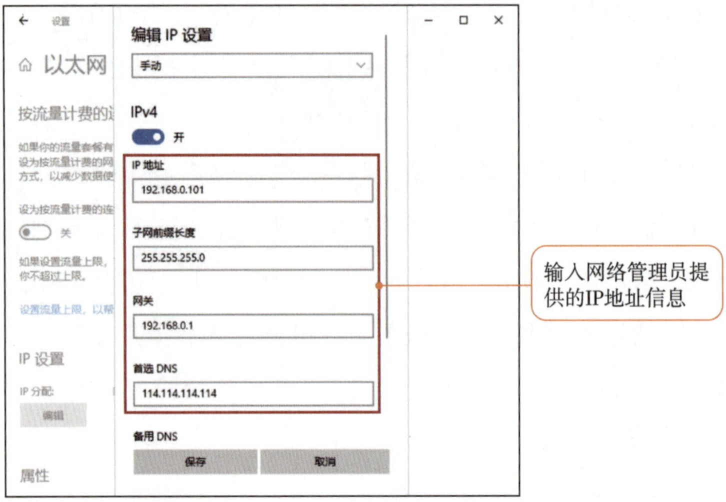

图 1–3–8　静态 IP 地址配置

2. 连接到无线局域网

（1）安装无线网卡。笔记本电脑一般配备无线网卡，安装 Windows 操作系统时，会自动识别安装驱动程序。台式计算机需购买 USB 接口无线网卡，将其插入 USB 接口时，系统会自动识别安装驱动程序，按提示进行安装即可。

（2）连接到无线网络。单击 Windows 右下角状态栏中的“”图标，打开无线网络窗口，如图 1–3–9 所示。选择要连接的无线网络，单击“连接”按钮，无线路由器会自动配置动态 IP 地址。如果是第一次连接，一般需输入密码。

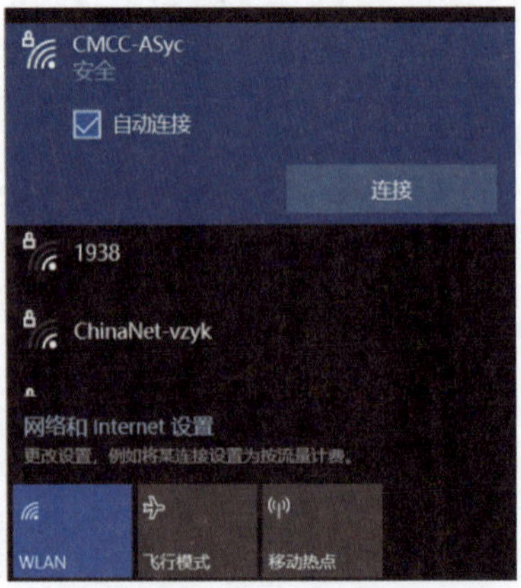

图 1–3–9　查看并连接到无线网络

3. 网络故障诊断和排除

打开浏览器，在地址栏中输入任意网址，按“Enter”键，检查网络的连通性。

如果无法连通，则需要按照以下步骤，进行网络故障诊断和排除。

（1）检查网络物理连接。检查 Windows 状态栏上的网络连接图标，如果存在异常，需检查网线连接是否良好，或是否已连接到无线网络。

（2）查看 IP 配置信息。按“Win + R”键，打开运行对话框；输入“cmd”，单击“确定”或按回车键，打开 Windows 命令行窗口；输入命令“ipconfig/all”，按“Enter”键，显示如图 1-3-10 所示 IP 配置信息，查看是否正确。

如果 IP 配置信息不正确，则需要重新进行配置。

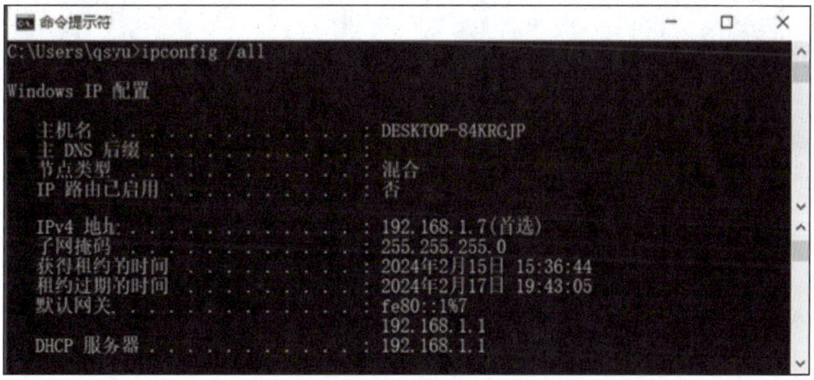

图 1-3-10　使用 ipconfig 命令查看 IP 配置信息

（3）检查网关的连通性。打开 Windows 命令行窗口，输入命令“ping 192.168.1.1”，按回车键，如图 1-3-11 所示，检查是否可以连接到网关。

请注意：这里网关的 IP 地址取决于具体的网络，需参照图 1-3-10 中 ipconfig 命令下显示的结果输入命令。

如果无法连通，则需要联系网络管理员，查看和设置路由器。

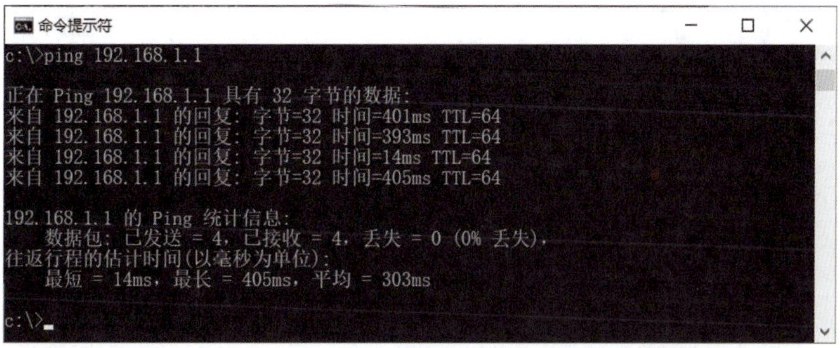

图 1-3-11　使用 ping 命令检查局域网关的连通性

（4）检查 DNS 服务和外网的连通性。打开 Windows 命令行窗口，输入命令“ping jg.class.com.cn”，按回车键，如图 1-3-12 所示，系统会自动显示域名“jg.class.com.cn”对应的 IP 地址（183.192.188.226），并检查是否可以连接到该地址。

如果无法显示域名对应的 IP 地址，则可能是域名不正确，或域名服务器配置有误。如果无法连接到该地址，则可能该地址的主机没有提供服务。

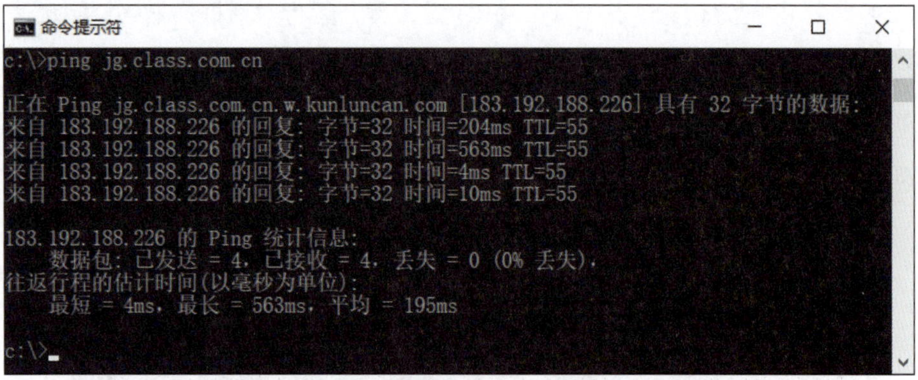

图 1-3-12　使用 ping 命令检查 DNS 服务和外网的连通性

巩固提高

家庭无线局域网可通过无线通信技术将家庭内部的各种设备（如计算机、手机、平板电脑、智能电视等）连接起来，具有灵活性高、可移动性强、成本低等优势，可以实现无线共享上网。

王小林想在家里安装家庭无线局域网，请帮助他查找本地的网络服务供应商，选择合适的网络服务，并选择一款无线路由器，将家庭各种电子设备连接到家庭无线局域网。如果网络出现故障，请尝试进行诊断并排除故障。

提示：设置家庭无线局域网的主要工作包括安装和配置宽带接入设备（由服务供应商提供并安装配置）、安装无线路由器、设置无线网络名称和密码（通常由服务供应商提供）、连接各种电子设备到家庭无线局域网等。

任务 2　获取网络资源

任务描述

在新学期的开学典礼上，王小林深受校长讲话中提及的大国工匠事迹的鼓舞，他想了解更多关于大国工匠的相关信息。同时，王小林默默立下志向，决心好好学习学校课程。老师建议他可以利用好技工教育网上的学习资源。为了方便以后使用，王小林将技工教育网的网址添加至浏览器的收藏夹（谷歌浏览器的收藏夹功能为“书签”）。

知识储备

互联网是一个巨大且实用的全球信息资源公共网，提供包括文字、数据、图像、声音等形式的海量信息，涉及政治、经济、科学、教育、法律、军事、物理、体育、医学等社会生活各领域，已经成为人们进行科学研究、商业贸易、社会交往等活动时交互与共享信息的重要手段。

一、网络信息资源

互联网上的信息资源丰富多样，常见的网络信息资源主要包括以下几类。

1. 新闻资讯

新闻资讯包括各大新闻网站、电视台、广播电台等发布的国内外新闻、时事评论、社会动态等。

2. 教育资源

教育资源包括在线课程、教育视频、学习资料、考试辅导等。这些资源通常来源于教育机构、在线学习平台等。

3. 学术资源

学术资源包括学术论文、期刊文章、会议论文、专利、研究报告等。这些资源通常来源于学术出版商、研究机构、大学图书馆等。

4. 娱乐资源

娱乐资源包括电影、音乐、游戏、动漫等娱乐内容。这些资源通常来源于各大媒体平台、影视制作公司等。

5. 社交资源

社交资源包括社交媒体平台上的用户发布的内容。常见的社交媒体平台包括微博、博客、论坛等。

6. 商业资源

商业资源包括企业、公司发布的商业信息、市场报告、产品介绍、招聘信息等。

7. 政务信息资源

政务信息资源包括政府机构、政府部门发布的政策法规、公告通知、政府工作报告等。

二、搜索和下载网络资源

信息搜索是人们为满足某种信息需求而在互联网上进行的信息查找与获取过程。网络是信息资源的海洋，各类信息资源分布在不计其数的 Web 网站中。使用搜索引擎，通过设置关键词，就可以搜索和下载感兴趣的资源。

1. 搜索引擎

搜索引擎依托于多种技术，如检索排序技术、网页处理技术、大数据处理技术、自然语言处理技术等，为信息检索用户提供快速、高相关性的信息服务。

不同的搜索引擎在功能和用户体验方面也有所差异，用户可以根据自己的需求选择适合的搜索引擎。常用的搜索引擎有百度、搜狗、谷歌和必应等。

2. 信息搜索

信息搜索是通过特定的搜索引擎或工具，在互联网或其他信息源中查找、获取所需信息的过程。这个过程涉及关键词的输入、搜索结果的筛选和排序，以及最终信息的获取和利用等环节。

在信息搜索中，搜索引擎扮演着至关重要的角色。搜索引擎通过爬取互联网上的网页、图片、视频等各种信息，建立起庞大的索引数据库，并根据用户的查询请求，返回最相关的搜索结果。

除了搜索引擎外，很多网站提供站内搜索功能。还有其他一些信息搜索工具和平台，如专业数据库、学术网站、社交媒体等。这些工具和平台各有特点和优势，可以根据不同的需求和场景选择和使用。

在信息搜索过程中，关键词的选择和使用非常重要。选择合适的关键词可以提高搜索的准确性和效率，帮助用户更快地找到所需信息。同时，用户还要注意对搜索结果进行筛选和排序，避免被不准确或虚假的信息所误导。

在数字时代，信息搜索是获取和利用信息的重要手段之一，可以帮助人们解决各种问题、作出决策，提高工作和学习效率。

3. 信息下载

信息下载是将存储在互联网或其他网络上的文本、图片、音频、视频、软件等资源，通过特定的工具或软件，保存到本地计算机或其他存储设备的过程。

在下载信息时，要注意以下几点。

一是信息来源的可靠性。要确保下载的信息来自可靠的来源，避免下载到病毒、恶意软件或侵犯版权的文件。

二是文件的完整性。检查下载的文件是否完整，没有出现损坏或缺失。

三是注意网络安全。要使用安全的网络环境进行下载，避免在公共网络或不安全的环境下暴露个人信息。

四是遵守相关法律法规。不要下载法律禁止的内容或侵犯他人权益的文件。

随着云计算和在线存储技术的发展，越来越多的信息可以直接在线使用而无须下载，但信息下载仍然是获取和保存网络资源的重要手段之一。

三、网络信息资源评估

互联网是一个开放的世界，信息资源丰富，但质量良莠不齐。在使用网络信息资源时，要识别信息资源的合法性、安全性和可信性，避免受到虚假信息或误导性信息的影响。

1. 信息资源的合法性

信息资源的合法性是指在使用、传播、获取信息资源时须符合法律、法规和道德标准的要求，不侵犯他人的权益，也不违反相关的法律法规。

（1）确保信息资源不包含侵犯著作权、商标权、专利权等知识产权的内容。使用或传播未经授权的资源可能构成侵权行为，需依法承担法律责任。

（2）确保信息资源不包含涉及淫秽、暴力、恐怖主义等违反法律法规的内容。不得利用非法手段获取或传播资源。

（3）除了法律要求外，信息资源的合法性还体现在应符合社会道德标准，包括尊重他人的隐私、不传播虚假信息、不侵犯他人的人格尊严等。

2. 信息资源的安全性

下载网络信息资源时，可以通过以下措施来保证安全。

（1）使用强密码。为设备和账户设置复杂且独特的密码，并定期更改密码。

（2）从可靠来源下载。谨慎点击链接和下载，确保从受信任的网站或应用程序下载资源，避免点击不明来源的链接或下载未经验证的软件或文件。一般建议从官网直接下载。

（3）使用防病毒软件。安装并定期更新防病毒软件，以检测和清除潜在的恶意软件或病毒。

（4）定期更新软件和系统。保持设备和软件的最新版本，以获取最新的安全补丁和修复程序。

3. 信息资源的可信性

由于网络信息资源的匿名性和多样性、质量良莠不齐等特点，在获取和利用网络信息资源时，需要判断其是否可靠、准确、完整且具有时效性。

（1）判断信息来源的可靠性。建议直接从官网、权威机构网站等获取信息。

（2）判断信息资源的准确性。可以通过对比多个信息来源，判断信息资源的准确性。

（3）判断信息资源的完整性。信息资源的获取过程往往会受到推荐算法的影响，应谨慎识别软件算法带来的“信息茧房”效应。

（4）判断信息资源的时效性。避免使用过时或无效的信息。

任务分析

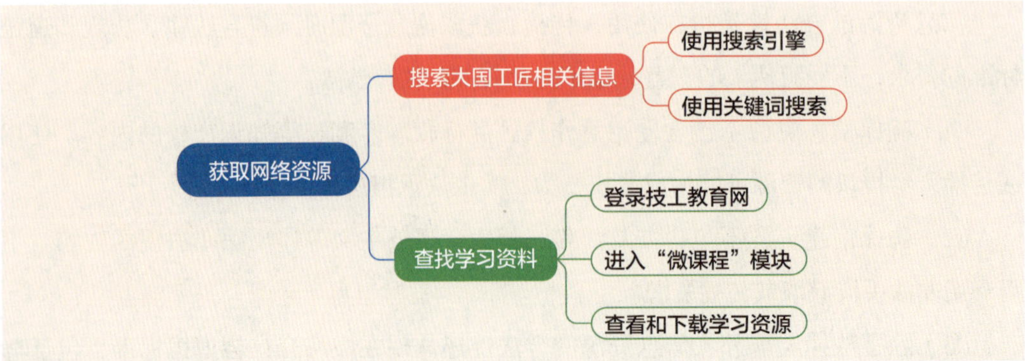

任务实践

接下来我们跟王小林一起，通过网络搜索大国工匠的有关信息，并登录技工教育网查找学习资源。

1. 搜索大国工匠相关信息

在进行信息搜索之前，先要将搜索的信息转化为关键词，然后在搜索引擎上输入关键词，搜索引擎就会从互联网上检索出指定的信息反馈给用户。

（1）使用搜索引擎。打开浏览器（以谷歌 Chrome 浏览器为例），在浏览器的地址栏输入百度的网址，按“Enter”键访问百度搜索引擎，如图 1–3–13 所示。

图 1-3-13　百度搜索引擎主页

（2）使用关键词搜索。在百度主页，输入关键词“大国工匠”，按“Enter”键显示搜索结果，如图 1–3–14 所示。搜索引擎会按顺序显示搜索结果，在浏览时我们可以从信息资源的合法性、安全性、可信性等方面进行评估，并筛选自己感兴趣的信息。

图 1-3-14　关键词搜索

2. 查找学习资料

（1）登录技工教育网。在浏览器的地址栏输入技工教育网网址“jg.class.com.cn”，按“Enter”键，打开技工教育网首页，如图 1-3-15 所示。单击右上角的“注册”超链接，使用自己的手机号注册一个账号并登录。

为了方便以后的使用，此时可单击浏览器右上角的“☆”按钮，将网址收藏（谷歌浏览器为“添加书签”）。再次访问该网站时，可单击浏览器右上角的“⋮”按钮，在“书签”中单击“技工教育网”超链接即可。

图 1-3-15 技工教育网首页

（2）进入“微课程”模块。点击进入“在线学习”项下的“微课程”模块，如图 1-3-16 所示，选择感兴趣的学习内容。

图 1-3-16 “微课程”模块

（3）观看和下载学习资源。技工教育网上的学习资源可供在线观看或下载，可根据页面提示进行相应操作。

巩固提高

王小林对“计算机操作系统还原的三种方法”比较感兴趣，请在技工教育网上找到这个微课程，跟王小林一起学习吧。

提示：在技工教育网首页的搜索框中输入“计算机操作系统还原的三种方法”，单击“搜索”按钮，然后在搜索结果页面左侧的“搜索类型”中选择“课程”，即可显示“计算机操作系统还原的三种方法”微课程，如图 1-3-17 所示。

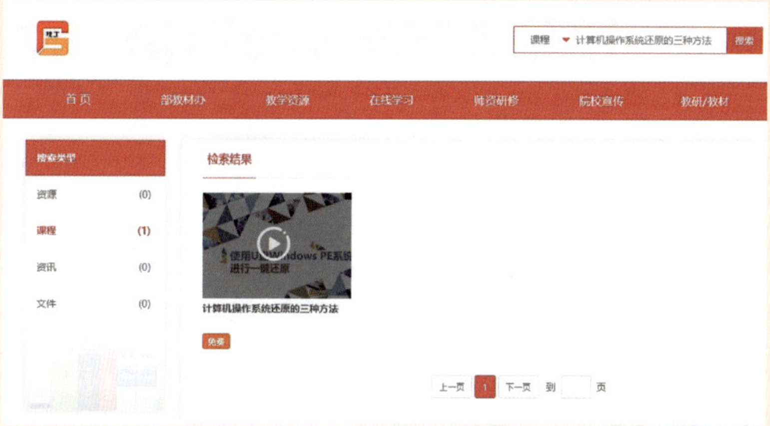

图 1-3-17　“计算机操作系统还原的三种方法”微课程

任务 3　运用网络工具

任务描述

学校即将召开一年一度的秋季运动会，体育委员李小萌需要组织和协调班级同学的报名工作，并在运动会后向同学们分享图片和视频等资源。请尝试帮助她使用腾讯文档收集全班同学的报名信息，并使用百度网盘分享照片和视频等资源。

知识储备

随着数字化时代的来临，在日常的学习、工作、生活中，利用各种网络工具来完成各种任务，可以大大提高效率。各种网络工具已经成为现代数字社会不可或缺的一部分。

一、电子邮件

电子邮件（electronic mail，简称 E-mail）是一种用电子手段提供信息交换的通信方式，是互联网应用最广的服务。电子邮件具有发送速度快、成本低、易于保存和搜索、可发送多媒体内容等特点，极大地方便了人与人之间的沟通与交流，促进了社会的发展。

1. 电子邮件的工作原理

电子邮件是基于简单邮件传输协议（SMTP）和邮局协议版本 3（POP3）等协议来传输和接收邮件的。

具体来说，先是发送方使用电子邮件客户端编写邮件，并选择一个或多个收件人。然后，客户端将邮件发送到电子邮件服务器上。接收方通过客户端登录到自己的电子邮件服务器，并从服务器上下载邮件到客户端中。

2. 注册电子邮箱

电子邮箱一般分为个人邮箱和企业邮箱。用户可以注册免费的个人邮箱，也可以使用学校或单位分配的企业邮箱。

（1）个人邮箱。目前，很多电子邮件客户端都可以免费注册使用，如 QQ（邮箱地址形式为“QQ 号 @qq.com”）、163（邮箱地址形式为“用户名 @163.com”）等。

（2）企业邮箱。企业邮箱主要由企事业单位员工办公使用，邮箱地址形式为“用户名 @ 企事业单位域名”。企业邮箱既可以自己搭建，也可以向信息服务供应商租用。

3. 发送和接收电子邮件

使用邮件客户端软件（如 Outlook、Foxmail 等）或通过浏览器登录到邮件服务提供商的网站，即可进行邮件的发送、接收、查看等操作。

电子邮件通常由邮件头、邮件正文和附件三个主要部分组成。邮件头包含邮件的主题、发件人、收件人、抄送和密送等信息；邮件正文包含邮件的具体内容；附件则可以在邮件中添加图片、文档、音频或视频等文件。

4. 电子邮件的管理

（1）电子邮件的地址管理。我们可以将电子邮件地址进行分组，例如按照工作、社交、家庭等分类。此外，还可以使用电子邮件客户端软件提供的地址簿功能，将联系人信息整理成列表，方便查找和联系。另外，为了防止意外，应定期备份电子邮件地址簿。

（2）电子邮件的文件夹管理。我们可以根据电子邮件的内容、重要性和紧急程度等将其进行分类，建立不同的文件夹进行存储，方便查找和管理。

（3）电子邮件的过滤和安全性管理。为了保证电子邮件及计算机系统的安全性，需要对接收的邮件进行过滤，避免接收垃圾邮件、病毒邮件等恶意邮件。同时，还要加强账户密码的安全性，避免账户被黑客攻击或盗用。

（4）电子邮件的备份和归档。为了防止意外丢失或数据泄露，需要定期备份邮件，并将重要邮件进行归档存储。备份和归档的邮件应该进行加密处理，以确保数据的安全性。

二、即时通信和网络会议

1. 即时通信

即时通信是一种基于互联网的即时消息业务。它允许两人或多人使用网络实时传递文字消息、文件，进行语音或视频交流。常见的即时通信软件有微信、QQ 等。

2. 网络会议

网络会议是一种实时的在线会议，它基于音频或视频通信，可以提供电子白板，共享重要内容，如演示幻灯片。通过网络会议，人们可以与不同地点的人进行“面对面”的交流，为用户提供高效快捷的沟通新途径，可以降低成本，提高效率。

常见的网络会议平台有腾讯会议、钉钉、Zoom 等。这些平台提供适用于不同规模组织和场景的各类会议，用户可以根据自己的需求选择。

知识拓展

腾讯会议是最常用的网络会议平台之一，其使用方法如下。

（1）下载安装。可以从手机应用商店下载安装手机版腾讯会议应用，或从腾讯官网下载安装电脑版。

（2）注册登录。打开腾讯会议，单击“注册 / 登录”按钮，进入账号密码登录页面，单击“新用户注册”，进入官网注册页，按要求填写对应信息，完成注册。

（3）加入会议。打开腾讯会议软件，选择“加入会议”，输入会议号，并勾选相应的入会前设置项，单击“加入会议”按钮。

（4）创建或预定会议。选择“快速会议”或“预定会议”即可创建会议。创建会议后可复制会议号和链接，将其分享给其他参会人员。

（5）共享屏幕。会议主持人或发言的参会者可以通过“共享屏幕”功能，一边讲解，一边演示。

除了上述提到的功能，腾讯会议还支持管理成员、聊天、录制、举手、投票、开启 / 关闭视频、开启 / 关闭扬声器、开启 / 关闭麦克风、开启 / 关闭美颜等功能。

三、云存储

云存储是把数据存放在通常由第三方托管的多台虚拟服务器上的一种数据存储方式。

1. 云存储的特点

相对于本地存储，云存储具有以下特点。

（1）可扩展性。使用云存储方式可不受本地硬件的限制，随时扩展数据存储容量。

（2）可访问性。用户可以在任何位置、使用任何设备访问云存储，提高了业务工作的灵活性。

（3）可靠性。云存储具备分布式的特性，同时具备负载均衡、故障冗余、数据备份等功能，保证了其存储数据的可靠性。

（4）安全性。云存储通过对数据的加密保护、备份，以及权限管理，保证了存储数据的安全性。

此外，云存储还通过虚拟化技术解决了实体存储空间和硬件资源的浪费问题。

2. 云存储平台

云存储平台有很多，如百度网盘、360 云盘、新浪微盘、华为网盘等。

以上这些平台都可以提供云存储服务，但具体的服务内容、价格、性能等都有所不同，可以根据实际需求进行选择。

许多云存储平台都提供一定额度的免费空间，可免费注册使用。

四、云协作

云协作是指团队成员通过云计算存储和共享数据、文件、资源，实现远程协作、实时沟通和跨设备访问的工作方式。

1. 云协作的特点

云协作的特点主要有以下几点。

（1）实时协作。使用云协作，团队成员可以同时编辑文档、表格和演示文稿，在线沟通和反馈信息，提高工作效率。

（2）跨地域工作。团队成员不受地理位置的限制，可以随时随地合作。

（3）版本控制。云协作确保所有人都在同一个文档上进行工作，避免了版本冲突和重复工作。

（4）安全性和可靠性。云协作平台还可以提供数据安全和备份服务，确保数据的安全性和可靠性。

2. 云协作平台

云协作平台有很多，如腾讯文档、有道云笔记、坚果云 Office 等。

以上这些平台都可以提供云协作服务，但具体的服务内容、价格、性能等都有所不同，可以根据实际需求进行选择。

五、其他网络工具

在数字社会中，人们可以利用各种网络工具进行在线购物，享受在线金融服务等。

1. 在线购物

在线购物是通过互联网连接消费者与销售者，以进行商品或服务的购买与销售的过程。

在商品购买方面，目前国内较具影响力的购物网站有淘宝网、京东商城等。在生活服务方面，比较常用的生活服务类的商业网站有携程网（旅游服务）、12360（铁路购票服务）等。

2. 在线金融

在线金融是指通过互联网和移动设备等数字渠道提供的金融服务。例如，通过各大银行的手机银行应用软件，客户可以随时随地通过移动数字设备享受金融服务，而不受时间和地点的限制。

支付宝和微信提供的在线支付服务也为人们的日常生活提供了便利。

任务分析

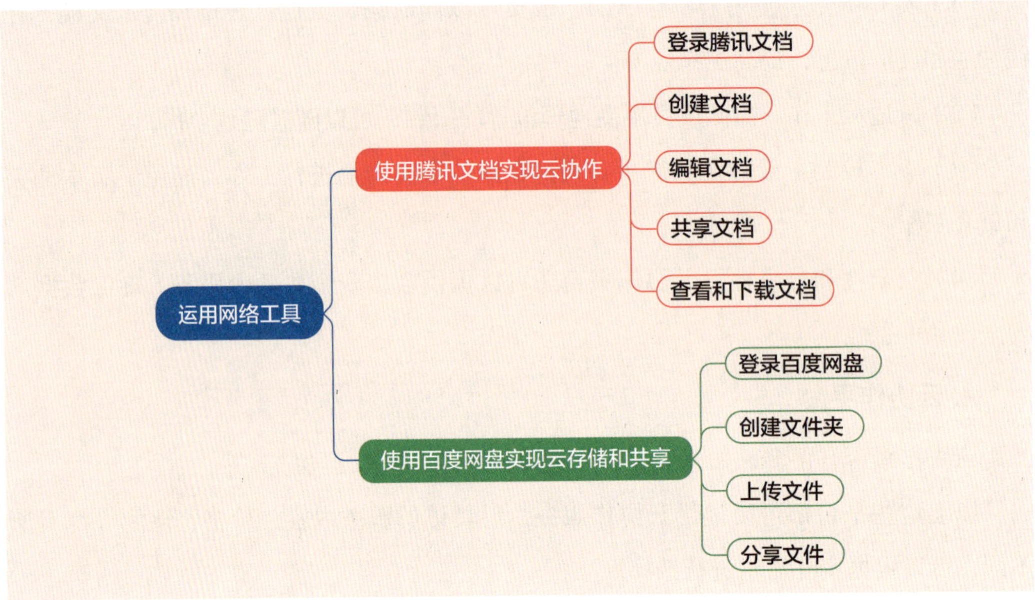

任务实践

下面我们就跟李小萌一起，使用腾讯文档组织同学们报名，并在运动会后使用百度网盘与大家分享精彩的照片和视频。

1. 使用腾讯文档实现云协作

（1）登录腾讯文档。打开浏览器，访问腾讯文档官方网站或下载并安装腾讯文档 PC 客户端。使用微信或 QQ 账号登录腾讯文档，如图 1–3–18 所示。

图 1-3-18　登录腾讯文档

（2）创建文档。在腾讯文档主界面，单击“新建”按钮。选择要创建的文档类型“表格”，创建一个电子表格，如图 1–3–19 所示。

图 1–3–19　创建文档

（3）编辑文档。在新建的文档中，单击左上角的文档名称框，输入“运动会男子组报名表”，重新命名文档。

在新建的文档中，输入如图 1–3–20 所示内容。可以利用腾讯文档提供的各种工具和功能，如字体、对齐方式、插入图片等，对文档进行美化。

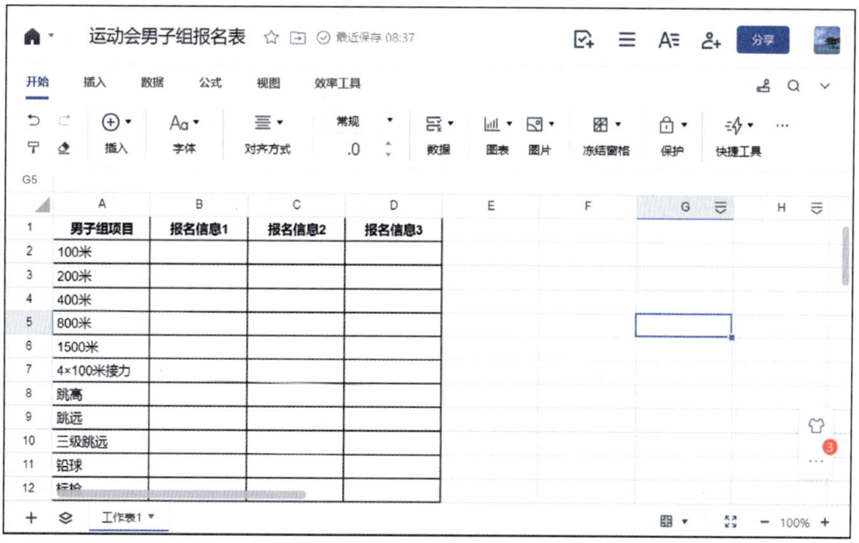

图 1–3–20　编辑文档

（4）共享文档。在文档编辑界面，单击“分享”按钮，设置文档的编辑权限为“所有人可编辑”，将文档分享至 QQ 或微信班级群，如图 1–3–21 所示。也可以复制链接，通过群发邮件的方式通知全班同学。

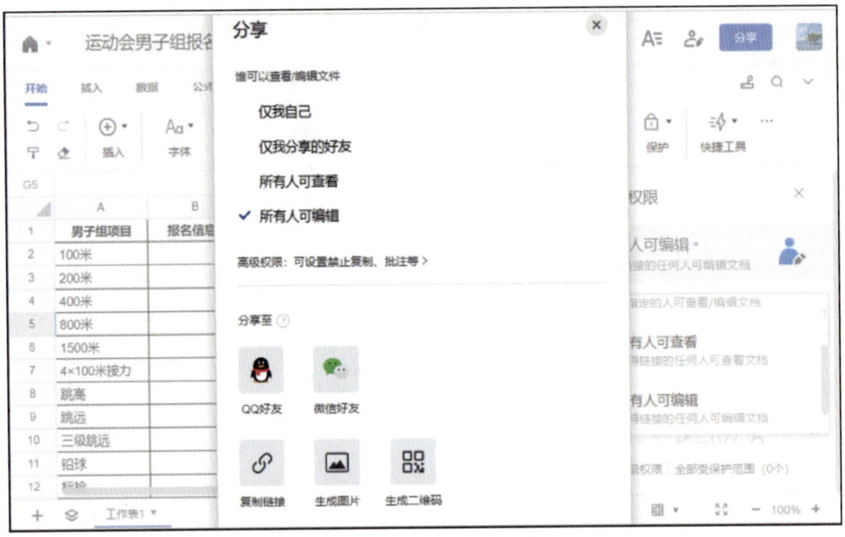

图 1-3-21　共享文档

班级同学收到协作分享后，点击链接即可进入文档编辑界面，填写报名信息。在协作过程中，所有改动都会实时同步到共享文档中。

（5）查看和下载文档。在腾讯文档主界面，可以查看所有已创建和共享的文档。通过“文档操作”按钮“≡”，可以随时下载或导出文档至本地计算机使用。

2. 使用百度网盘实现云存储和共享

（1）登录百度网盘。打开浏览器，访问百度网盘官方网站，注册并登录。

（2）创建文件夹。在百度网盘主界面，单击左侧的“我的文件”，选择要创建文件夹的位置，单击“新建文件夹”。输入文件夹名“2024 秋季运动会”，单击“确定”按钮，如图 1-3-22 所示。

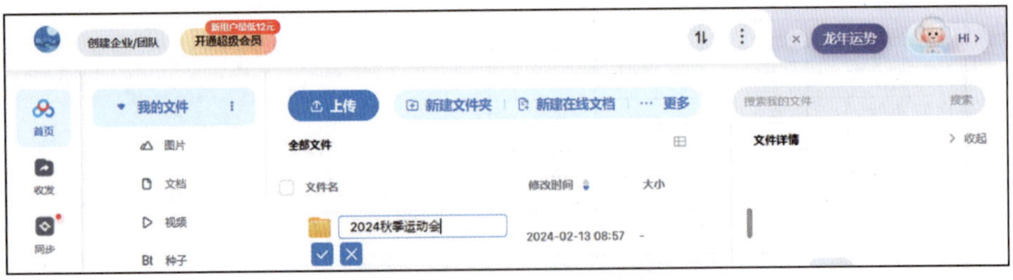

图 1-3-22　创建百度网盘文件夹

（3）上传文件。单击“2024 秋季运动会”文件夹，进入文件夹中，单击“上传”按钮。选择要上传的文件或文件夹，单击“打开”或“确定”按钮，等待文件上传完成。文件上传的速度取决于网络速度和文件大小。

（4）分享文件。鼠标指向要分享的文件夹“2024 秋季运动会”，单击其右侧弹出的“分享”按钮“ ”，在弹出的对话框中选择链接有效期，设置提取码，如图 1-3-23 所示。单击“创建链接”按钮，即可将生成的链接和提取码分享给需要访问文件的人，如图 1-3-24 所示。

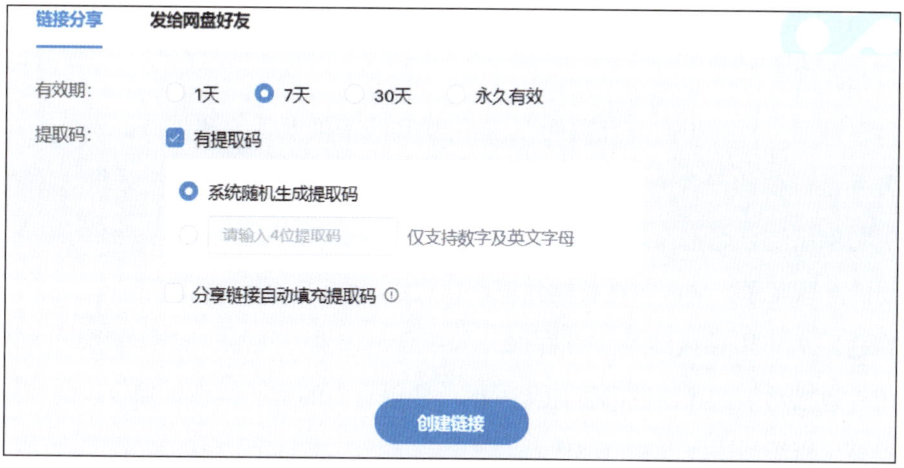

图 1-3-23　共享百度网盘文件夹

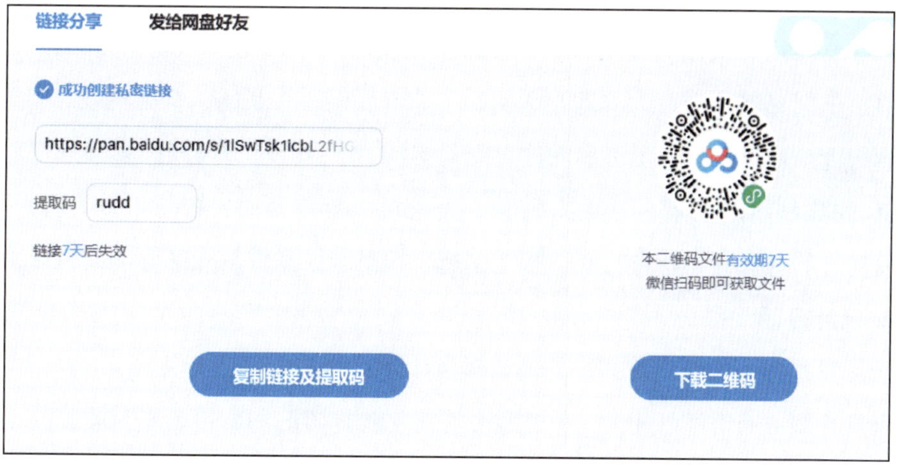

图 1-3-24　共享百度网盘链接

收到下载链接的同学用鼠标指向要下载的文件或文件夹，单击其右侧弹出的“下载”按钮“ ”，选择下载位置，单击“确定”即可。

巩固提高

林立同学计划外出旅行，请尝试帮助他使用网络信息资源规划旅游行程，并使用常用的网络工具订购车票、预订酒店。（注：可自行选择旅行目的地并规划行程。）

拓展与探究

探索物联网、5G、云计算

1. 物联网

物联网即“万物相连的互联网”，是在互联网基础上延伸和扩展的网络。物联网是将各种信息传感设备（如射频识别、红外感应器、全球导航卫星系统、激光扫描器等）与网络结合起来而形成的一个巨大网络，可实现在任何时间、任何地点，人、机、物的互联互通，从而实现智能化识别、定位、跟踪、监控和管理。

物联网的应用领域涉及方方面面，如工业、农业、交通、社会服务等。物联网的应用有效推动了这些领域的智能化发展，使得有限的资源得到更加合理的使用和分配，提高了资源利用效率和行业效益。

2. 5G

5G 是指第五代移动通信技术，其在移动语音时代（1G）、文本时代（2G）、数据时代（3G）和融合应用时代（4G）的基础上发展而来。5G 技术具有大宽带、大连接、高可靠、低时延等特点，为移动互联网、工业互联网、车联网、金融科技、智慧医疗等垂直行业应用场景提供了可靠的信息交互支持。

5G 的典型应用场景包括无人驾驶、无人机、智慧交通、智慧市政、智慧消防、智慧安防、智慧医疗、智慧校园、智能制造、智慧园区和智慧社区等。

3. 云计算

云计算是分布式处理、并行处理和网格计算的发展和商业实现。

云计算服务通常可以分为三种类型：基础设施即服务（IaaS）、平台即服务（PaaS）和软件即服务（SaaS）。基础设施即服务提供计算、存储和网络等基础设施服务，平台即服务提供开发、运行和管理应用程序的平台服务，而软件即服务则提供各种软件应用服务，如在线办公等。

云计算服务平台也称为云平台，如阿里云、百度云、腾讯云、华为云等。

目前，云计算已经广泛应用于各个领域，如大数据处理、人工智能、物联网等。它不仅可以提高计算效率和数据处理能力，还可以帮助企业降低成本、提高灵活性和创新能力。

同学们，在我们身边都有哪些以上数字技术的应用呢？请你列举一些。

1.4 构建安全的数字社会

随着数字化的不断发展，数字安全的重要性日益凸显。数字安全不仅关乎个人隐私和企业利益，更关乎国家安全和社会稳定。因此，提高数字安全意识，识别常见的数字安全风险，掌握常用数字安全技术，是数字化时代的基本素养。

学习目标

1. 了解数字安全的基本概念。
2. 识别常见的数字安全风险。
3. 了解数字安全法规。
4. 识别典型诈骗。
5. 掌握常用数字安全技术。

任务 1　识别数字安全风险

任务描述

在数字化时代，电信诈骗层出不穷。为了加强同学们的数字安全防范意识，班主任周老师计划开展一次数字安全教育，教授大家如何识别并防范手机诈骗。“国家反诈中心”App 在降低用户遭遇电信诈骗风险方面效果显著，周老师决定引导同学们下载并安装这款应用，以增强大家的防范意识和自我保护能力。

下载好的“国家反诈中心”App 界面如图 1-4-1 所示。

图 1-4-1 “国家反诈中心”App 界面

知识储备

随着数字化的不断深入发展，信息安全已经突破了其传统范畴，逐步演变为更为全面和复杂的数字安全。

一、数字安全概述

数字安全是指保护数字信息免遭未经授权的访问、使用、泄露、破坏或修改的一系列措施和技术，涵盖计算机安全、网络安全、数据安全等多个方面。

1. 计算机安全

保护计算机系统免受未经授权的访问、破坏、篡改和泄露等威胁，确保计算机系统的机密性、完整性和可用性。

2. 网络安全

保护网络基础设施、通信协议、数据传输等免受网络攻击，以及病毒、恶意软件等的威胁，确保网络的安全性和稳定性。

3. 数据安全

保护数据的机密性、完整性和可用性，防止数据被未经授权的访问、窃取、破坏、篡改和泄露等。

二、常见的数字安全风险

常见的数字安全风险包括数据泄露、网络攻击、网络欺诈等。

1. 数据泄露

由于不安全传输、系统漏洞、网络攻击等原因，企业或个人的重要数据可能会被泄露，造成财产损失、声誉损害等后果。

2. 网络攻击

网络攻击由黑客或其他恶意的个人、组织发起，他们利用系统漏洞、特定的病毒、恶意软件等方式攻击计算机系统或网络，进而导致数据丢失、网络瘫痪等问题。

3. 网络欺诈

网络欺诈是通过网络进行的骗局，如虚假投资、虚假销售、虚假广告等，不仅会使受骗者遭受财产损失，还会破坏商业生态和社会信任。

为了保障数字安全，个人和组织应提高网络安全意识，采取一系列的安全措施，如加强密码管理、加强数据保护、使用安全软件、定期备份数据等，以应对这些安全风险，确保数字资产的安全性和保密性。

三、数字安全法规

数字安全法规是针对数字安全领域所制定的一系列法律、法规和标准，旨在保护数字资产、数据安全和个人隐私等，主要包括《中华人民共和国网络安全法》《中华人民共和国个人信息保护法》《中华人民共和国数据安全法》等。

《中华人民共和国网络安全法》规定了网络基础设施、网络信息、数据安全等方面的安全保护要求，明确了网络运营者、用户、监管机构等各方在网络安全中的责任和义务。

《中华人民共和国个人信息保护法》规定了个人信息的收集、使用、处理、保护等方面的要求，旨在保护个人信息的合法权益，防止个人信息被滥用、泄露等。

《中华人民共和国数据安全法》规定了数据处理活动的基本安全要求，包括数据的收集、存储、使用、加工、传输、提供、公开等，旨在保障国家的数据安全。

此外，还有《中华人民共和国密码法》《中华人民共和国电子商务法》等，它们共同构成了数字安全的法规体系。这些法规的实施，有助于规范数字安全领域的行为，保护数字资产和数据安全，促进数字经济的健康发展。

四、识别电信诈骗

电信诈骗是指犯罪分子通过电话、网络和短信方式，编造虚假信息，设置骗局，对受害人实施远程、非接触式诈骗，诱使受害人给犯罪分子汇款或转账的犯罪行为。

识别电信诈骗，我们需要注意以下几点。

一是注意对方口音。通常，拨打诈骗电话的人很可能不是接听者所在地的本地人。

二是注意电话号码。对于来自完全陌生地区的电话，应保持警惕。

三是增加来电显示。可以借助第三方软件显示未知电话的归属地，以提醒我们注意。

四是使用软件识别。使用专门的软件可以帮助我们识别恶意骚扰和诈骗电话。

五是谨慎应对通知事项。如接到“快递包裹有毒”等危急电话，一定要向相关部门核实情况；遇到“中奖”等突如其来的“好事”，更要保持警惕。在实际生活中，上述情况基本可以判定为诈骗信息。

六是注意信息内容。在诈骗短信里，一般会出现一些非文字符号，如“+”“%”等。另外，不要轻易点开短信里的超链接。

任务分析

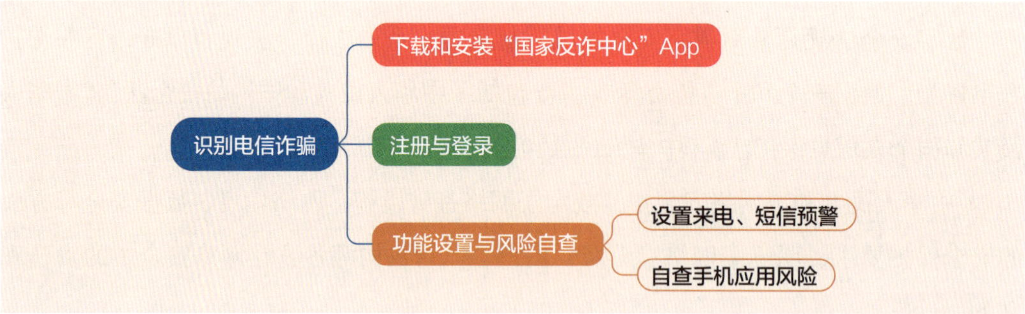

任务实践

在周老师的指导下，同学们下载了“国家反诈中心”App，并设置了相关功能。

1. 下载和安装“国家反诈中心”App

打开智能手机，确保手机已连接到网络。打开手机上的“应用商店”（如华为应用市场、小米应用商店、App Store、Google Play 等），在搜索栏中输入关键词“国家反诈中心”，点击“安装”，如图 1–4–2 所示。

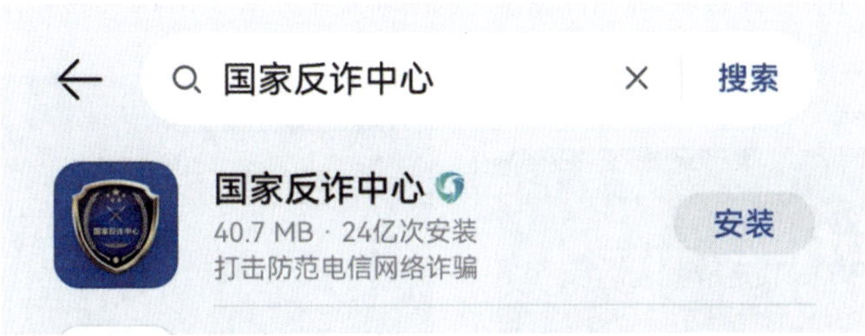

图 1-4-2　搜索“国家反诈中心”App

2. 注册与登录

打开“国家反诈中心”App，进入登录界面，点击“快速注册”超链接，如图 1–4–3 所示。按照提示输入信息，完成账号注册。

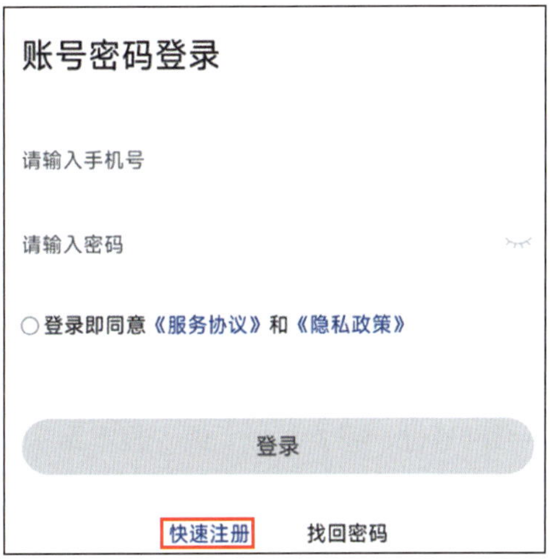

图 1-4-3　登录界面

注册完成后，在登录界面输入手机号和密码，点击“登录”。注意，要妥善保管个人信息和密码，避免泄露。

3. 功能设置与风险自查

在“国家反诈中心”App 中可以设置开启诈骗电话、短信等拦截功能，对手机应用进行风险自查，还可以在线学习反诈知识、举报诈骗信息。

操作提示

使用“国家反诈中心”App 时，需要授权手机权限，如“通话记录”“联系人”“悬浮窗”“短信”等。

（1）设置来电、短信预警。登录“国家反诈中心”App 主界面后，点击页面中间的“来电预警”，在弹出的对话框中点击“立即开启”，如图 1-4-4 所示。

图 1-4-4　设置来电预警

（2）自查手机应用风险。点击主界面的“App 自检”，检查手机中安装的 App 是否存在风险。

除了以上功能，通过“最新动态”栏目，还可以学习预防诈骗的相关知识。一旦遇到疑似诈骗或诈骗时，可以通过“我要举报”或“报案助手”进行举报或报案。

巩固提高

请根据自己掌握的数字安全知识，设计一份调查问卷，评估参与调查者的数字安全意识。

【样题】

数字安全调查问卷

1. 您的密码是否为自己的生日或手机号？　（1）是（2）否

2. 您的密码是否小于 8 个字符？　（1）是（2）否

3. 您的密码是否不包含特殊符号？　（1）是（2）否

4. 您的银行卡密码、网站密码、手机密码是否一样？　（1）是（2）否

5. 您是否连接过公共场所来历不明的免费 Wi-Fi？　（1）是（2）否

6. 您是否点击过邮件或网页中来历不明的超链接？　　（1）是（2）否

7. 您是否下载安装过来历不明的软件？　　（1）是（2）否

8. 您是否扫描过来历不明的二维码？　　（1）是（2）否

9. 您是否设置了计算机或移动设备的自动锁屏功能？　　（1）否（2）是

10. 您是否备份了重要数据（如文档、照片、联系人等）？　　（1）否（2）是

注：如果选（1），就意味着存在较高风险。

任务 2　使用数字安全技术

任务描述

王莉莉同学的手机丢了。她的手机中安装了手机银行 App，开通了各种购物平台的支付功能，还登录了各种社交应用软件等。请尝试帮助她完成应急处理措施，将损失降到最低。

知识储备

数字安全技术是一系列用于保护数字信息、网络系统、数据资产及电子设备等免

受未授权的访问、使用、披露、破坏、修改的技术手段和措施。这些技术旨在确保数字环境的安全性和稳定性。

一、身份验证和权限管理

为了减少未经授权访问或泄露的风险，访问数字资源需要拥有一个数字身份，并被赋予一定的权限。只有经过身份验证且拥有相应权限的用户才能访问或使用特定的资源或数据。

1. 身份验证

身份验证是指验证用户身份的过程，通常是由用户提供一些凭证（如用户名和密码、生物特征等），然后由系统验证这些凭证的有效性。如果凭证有效，则身份验证成功，可以访问相应的资源或执行特定的操作。

常见的身份验证方法包括以下几种。

（1）用户名和密码。这是最常见的身份验证方法，用户需要提供正确的用户名和密码才能访问系统或数据。

（2）生物识别。生物识别技术使用用户的生物特征（如指纹、虹膜、面容等）进行身份验证。这种方法的安全性很高，因为每个人的生物特征都是独特的，且难以复制。

（3）短信验证。短信验证是一种通过向用户发送包含验证码的短信来进行身份验证的方法。用户需要在登录时输入验证码。

（4）数字证书。数字证书是一种电子文档，用于证明用户身份的有效性。用户需要安装数字证书才能访问特定的系统或数据。

以上这些方法各有优缺点，在实际应用中需要根据具体情况选择适合的身份验证方法。为了保证安全性，通常需要结合使用多种身份验证方法，形成多层次的安全防护体系。

知识拓展

为了有效防止密码被破解，往往需要设置一个复杂的密码。一个复杂的密码应包含多种字符类型，并且长度足够长，这样才能有效抵抗暴力破解和字典攻击等密码破解方法。以下是一些常见的密码复杂度要求。

（1）密码长度要求。密码长度应至少为 8 位或更长。

（2）字符类型要求。密码应包含多种字符类型，包括小写字母、大写字母、数字和特殊字符。

（3）避免常见密码。避免使用容易猜测或常见的密码，例如“123456”“password”等。

（4）不要使用个人信息。避免在密码中使用与个人信息相关的内容，例如生日、名字、电话号码等。

通过遵循密码复杂度要求，可以降低密码被破解的风险。同时，定期更改密码，并使用不同的密码来保护不同的账户，也是重要的安全措施。

2. 权限管理

权限管理是指控制用户对系统或数据的访问权限的过程。一旦用户通过了身份验证，系统就需要确定该用户是否有权访问特定的资源或执行特定的操作。

实现权限管理可以通过以下几个步骤来完成。

（1）建立安全策略。包括定义系统的安全要求和安全控制程序，如访问控制策略、安全日志审计策略、网络安全策略和用户权限分配策略等。

（2）创建和管理用户账户。在系统中创建用户账户、组、角色等。

（3）设置权限。对不同角色的用户授予不同的权限，确保使用者只能访问和操作其有权限访问和操作的资源。

（4）定期审查和更新权限。定期审查用户权限，确保权限分配合理且符合安全要求，根据需要对权限进行更新和调整。

权限管理的具体实现方法因操作系统和应用程序的不同而有所差异。

二、数据加密和备份

数据加密和备份是常用的两种保护数据的方法。

1. 数据加密

数据加密是指用户在使用计算机网络时，对数据的传输进行加密处理，从而提高数据的机密性，防止数据在传输过程中被窃取、篡改。

加密是通过加密算法和加密密钥将明文转变为密文，而解密则是通过解密算法和解密密钥将密文恢复为明文。数据加密的核心是密码学。

数据加密的用途主要有以下几个方面。

（1）保护隐私。保护个人和企业用户的敏感信息，如银行账号、身份信息和商业秘密等，避免在传输过程中被恶意行为者获取。

（2）确保数据完整性。数据加密可以确保数据在传输过程中不被篡改或破坏。

（3）防止网络攻击。数据加密可以使得黑客即使截获数据，也无法读取和理解其真实内容，从而防止网络攻击。

（4）符合相关法规要求。在一些特定行业，根据相关法规要求，必须对特定数据进行加密处理。

（5）建立并保持用户信任。数据加密可以向用户显示企业对数据安全性的重视，从而获得用户的信任。

数据加密的方法根据应用场景的不同而有所差异。使用安全链接（采用 https 传输协议的链接）传输的网络数据会自动实现数据加密、解密。操作系统、应用软件（如压缩软件、办公软件）也可实现文档的加密。

2. 数据备份

数据的备份和恢复是确保数据安全性和可靠性的重要手段。

（1）数据备份。数据备份是指将原始数据复制并存储在另一个位置，以防止原始数据因各种原因（如硬件故障、自然灾害、人为错误等）丢失或损坏。

系统的数据备份因操作系统的不同而有所差异。一般需要制定数据备份和恢复计划，以便在数据丢失或损坏时能够迅速、准确地恢复数据。

个人数据（如文档、照片、视频等）的备份可以使用移动硬盘、云盘等方式。许多供应商会提供手机信息的云备份功能。

（2）数据恢复。数据恢复是指在数据丢失或损坏后，使用备份数据来还原或恢复原始数据的过程。

三、病毒防护和防火墙

病毒防护和防火墙都是保障计算机网络安全的重要手段。在实际应用中，需要根据具体情况选择合适的防护方案，并定期进行安全检查和更新，以确保网络的安全和稳定。

1. 病毒防护

病毒防护是指采取一系列措施来预防、检测和清除计算机病毒，保护计算机系统和数据的安全。

实现计算机病毒防护可以采取以下几种方法。

（1）使用杀毒软件。选择可靠的杀毒软件，并及时更新病毒库，定期进行全盘扫描，开启实时监控，以检测和清除计算机病毒。

（2）使用防火墙。启用计算机自带的防火墙或安装专业的网络防火墙软件，以监控和控制进出网络的流量，防止未经授权的访问和通信。

（3）避免使用盗版软件。不使用盗版或来历不明的软件，以免引入病毒或恶意软件。

（4）谨慎打开邮件和文件。不要随意打开来历不明的邮件和文件，以免感染病毒或恶意软件。

（5）限制使用管理员权限。尽量避免使用管理员权限运行计算机，以减少病毒对系统的破坏能力。

（6）定期备份数据。将重要数据备份到外部存储设备或云端存储中，以防止病毒感染，导致数据丢失或损坏。

有效实现计算机病毒防护往往需要采取多种不同措施，以应对不断变化的病毒威胁。

2. 防火墙

防火墙是一种网络安全设备或软件，用于监控和控制进出网络的流量，防止未经授权的访问和通信。

防火墙可以过滤恶意流量和攻击，保护内部网络免受外部威胁的侵害。它可以部署在网络的不同层次和位置，如路由器、交换机、服务器等。

Windows 个人防火墙是 Windows 操作系统中自带的一种网络安全功能，可以阻止未经授权的程序访问网络。用户可以根据自己的需要自定义防火墙规则，以便更好地保护计算机的安全。

任务分析

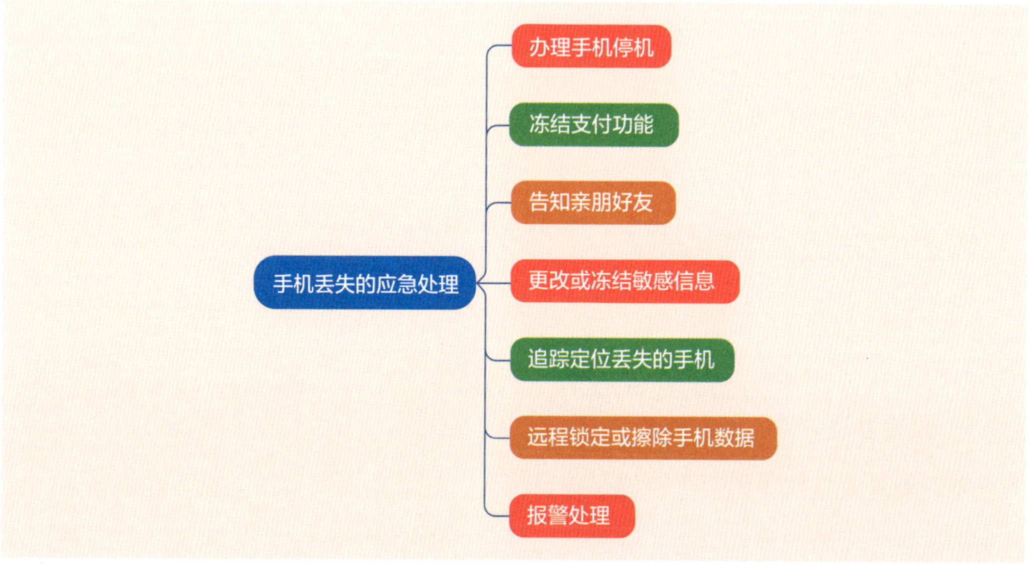

任务实践

手机丢了以后王莉莉同学急得不知如何是好，我们一起帮她梳理一下接下来要做的事情。

1. 办理手机停机

手机丢失后，应立即联系通信运营商，告知手机丢失，并要求暂停或取消与该手机号码相关的服务。这可以防止他人使用丢失的手机号码进行恶意活动或产生额外的费用。

2. 冻结支付功能

通知相关机构冻结与该手机号码关联的支付功能，例如各种手机银行、支付平台（支付宝、微信支付、京东支付）等。

3. 告知亲朋好友

通过其他途径告知亲朋好友自己手机丢失的情况，避免对方被骗。

4. 更改或冻结敏感信息

尽快更改或冻结与手机号码关联的敏感信息，如各种社交媒体账号（微信、新浪微博、抖音等），防止他人利用自己的身份信息进行不法活动。

5. 追踪定位丢失的手机

登录手机服务商的云官网，可以追踪定位丢失的手机。

王莉莉使用的是华为手机，她登录华为云空间官网，进入“查找设备”页面，系统会显示最后一次定位手机的位置。如果手机在线并开启了定位服务，就可以实时追踪手机的位置。还可以使用“播放铃声”功能让手机以最大音量响铃，帮助找到在附近丢失的手机。

6. 远程锁定或擦除手机数据

如果确定手机无法找回，可登录手机服务商的云官网，远程锁定手机或擦除手机数据，防止手机数据被泄露或被他人滥用。

7. 报警处理

王莉莉怀疑这次手机丢失可能是盗窃行为，她准备向当地警方报案。报案时，她向民警提供了手机的详细信息（如型号、颜色、IMEI 码等）、丢失地点和时间等，希望警方帮助她找回手机。

在整个处理过程中，应保持冷静和理智，不要因情绪激动而作出错误决策。找回或购买新手机后，可重新申请开启停机的手机号码，使用备份数据（如云备份）恢复手机数据。最关键的是，我们平时要加强安全意识，避免类似事件的发生。

巩固提高

王小林同学担心自己计算机的安全性，请尝试帮助他应用必要的安全措施（如设置复杂度高的密码、配置 Windows 安全选项、进行数据加密和备份等），以确保他的计算机安全。

拓展与探究

做数字时代的责任公民

在数字时代，作为责任公民，我们要遵守法律法规，保护个人隐私，维护网络安全，积极参与社会监督，并推动数字技术的可持续发展。

1. 遵守法律法规

在数字时代，我们需要了解并遵守相关的法律法规，包括数据保护、网络安全、知识产权等方面的法律。避免参与任何非法活动，如网络犯罪、侵犯他人隐私等。

2. 保护个人隐私

在数字时代，个人隐私的保护尤为重要。我们应该谨慎处理个人信息，避免泄露给不法分子。同时，我们也应该学会保护自己的数字身份，避免在网络上受到欺诈和攻击。

3. 维护网络安全

网络安全是数字时代的重要问题。我们应该采取措施保护自己的计算机系统和网络安全，如安装杀毒软件、定期更新操作系统和软件、使用强密码等。此外，我们还应避免访问不安全的网站和下载不明来源的文件。

4. 积极参与社会监督

作为数字时代的公民，我们应该积极参与社会监督，关注网络安全和数据保护等问题。我们可以向相关部门举报网络违法行为，参与网络安全宣传活动，提高公众的网络安全意识。

5. 推动数字技术的可持续发展

数字技术正在改变我们的社会和生活。作为责任公民，我们应该关注数字技术的可持续发展，推动数字技术的广泛应用和创新发展。

总之，作为数字时代的责任公民，我们要时刻关注网络安全和数据保护等问题，遵守法律法规，积极参与社会监督，推动数字技术的可持续发展。只有这样，我们才能更好地享受数字技术带来的便利和机遇，同时保护我们的安全和隐私。

同学们，请你们想一想，要成为一名数字时代的合格公民，都应该具备哪些数字素养与技能呢?

第二单元

文档创意与制作

——图文编辑

在日常生活、工作和学习中，我们经常需要撰写工作日志、记录生活点滴、整理汇报材料等，这些活动都涉及文档的创建。为了使文档的内容更加清晰、版面更加美观且便于阅读，就需要对文档进行编辑和排版，这就是图文编辑。图文编辑包括文字处理、表格制作、图形绘制等多个方面。我们可以根据具体的排版需求，选择适合的文档编辑软件，完成编辑后，将文档保存在本地磁盘或云端存储设备上。

本单元我们将聚焦文档的创意制作，学习图文编辑的相关知识，了解常用的图文编辑软件，并能根据实际需求选择合适的软件，以及学习文档的格式设置、表格处理、图形绘制、图片插入等实用操作技巧。通过这些学习，我们就能更高效地创建出美观、易读的文档，提升工作和学习效率。

2.1 图文编辑入门

图文编辑是使用图文编辑软件，将文字、表格、图片、图形等可视化信息元素在版面上进行混合编排和版式设计，使版面布局更加合理、美观，以达到展示或打印要求的一系列操作。它不仅涉及文字的处理，还包括表格的制作、图形的绘制、图片的插入等。

随着技术的进步和媒体的多样化，图文编辑的应用领域已越来越广泛。它不仅被用于制作传统印刷品，还被用来处理电子书、电子杂志等数字媒体内容。

学习目标

1. 了解常用图文编辑软件及其功能特点。
2. 了解文档的基本构成。
3. 会使用图文编辑软件创建、编辑、保存文档。
4. 会使用图文编辑软件设置文档文本、段落和页面格式。
5. 会利用样式进行文本格式快捷设置和打印文档。
6. 会对文档进行信息加密和保护。

任务 1　创建与编辑文档

任务描述

为大力弘扬劳模精神、劳动精神和工匠精神，激励同学们走技能成才之路，光明技师学院将举办第十届校园技能节系列活动。作为技能节系列活动的一部分，学院计划在校园内设置“世界技能大赛成果”展示专区。林小信是校学生会的成员，负责展示专区内世界技能大赛介绍文稿的撰写与排版，她准备使用 WPS Office 文字软件进行编辑制作。

林小信编辑制作好的 WPS 文档如图 2-1-1 所示。

世界技能大赛

世界技能大赛（WorldSkills Competition）作为全球历史最久、规模最大、地位最高、影响力最为广泛的职业技能竞赛，由世界技能组织主办，被誉为“世界技能奥林匹克”。如今，世界技能大赛已经形成鲜明的组织精神、完善的组织机构、严密的运行机制，成为了一个具有国际号召力的竞赛品牌，是当之无愧的世界顶级国际性技能盛事。

我国于 2010 年正式加入世界技能组织后，连续参加世界技能大赛，竞赛成绩连年突破，屡创新高。

我国世界技能大赛成绩

2011 年在英国伦敦举办的第 41 届世界技能大赛上，我国派出 6 名选手参加了 6 个项目的比赛，获得 1 枚银牌和 5 个优胜奖。

2013 年在德国莱比锡举办的第 42 届世界技能大赛上，我国派出 26 名选手参加了 22 个项目的比赛，获得 1 枚银牌、3 枚铜牌和 13 个优胜奖。

2015 年在巴西圣保罗举办的第 43 届世界技能大赛上，我国派出 32 名选手参加了 29 个项目的比赛，获得 5 个项目金牌、6 个项目银牌、3 个项目铜牌和 12 个优胜奖，实现金牌零的突破。

2017 年在阿联酋阿布扎比举办的第 44 届世界技能大赛上，我国派出 52 名选手参加了 47 个项目的比赛，获得 15 个项目金牌、7 个项目银牌、8 个项目铜牌和 12 个优胜奖，居金牌榜、奖牌榜和团体总分首位。

2019 年在俄罗斯喀山举办的第 45 届世界技能大赛上，我国派出 63 名选手参加了全部 56 个项目的比赛，获得 16 个项目金牌、14 个项目银牌、5 个项目铜牌和 17 个优胜奖，蝉联金牌榜、奖牌榜和团体总分第一，金牌数、奖牌数、团体总分超越上届，取得了新的突破。

图 2-1-1 制作好的 WPS 文档

知识储备

电子文档是指存储在电子设备（如计算机、平板电脑、智能手机等）上，通过电子设备创建、编辑、保存和管理的文档。与传统的纸质文档相比，电子文档具有许多优点，如易于复制、修改、传输和存储，以及支持多种媒体元素（如文本、图像等）的集成。

对电子文档进行加工处理，我们通常会借助图文编辑软件。在选择这类软件时，可根据个人的实际需求和操作熟练程度进行选择。

一、常用图文编辑软件

图文编辑软件根据其功能、用途和特点的不同可分为文档编辑软件和专业排版软件。

1. 文档编辑软件

文档编辑软件是日常办公和学习中最常用的一类软件，具有文字编辑、表格制作、图文混排等多种功能，如 Microsoft Word、WPS Office 等，可以满足各种文档编辑需求。

2. 专业排版软件

专业排版软件主要面向印刷出版、广告设计等专业领域，能提供更为精细的排版功能，如北大方正、Adobe InDesign 等。它们通常具备更高级的页面布局、字体管理、颜色校对等功能，适用于制作高质量的印刷品和出版物。

除了以上常用的图文编辑软件，目前很多在线图文编辑工具也被广泛使用，如腾讯文档、金山文档等。在线图文编辑工具通常基于云服务，用户可以在浏览器中直接使用，无须安装额外软件。它们通常具有简单易用的操作界面和丰富的应用模板，可以快速创建和编辑图文内容。

二、文档制作思路

在制作文档的过程中，文字材料的准备是至关重要的一步。这些文字材料可能来源于手写笔记、纸质文档或已有的电子资料。对于手写或纸质文档，我们可以利用文档编辑软件将文字内容逐一录入计算机，或是利用文字识别软件将其转换成电子资料。而对于已有的电子资料，我们可以直接打开并对其进行编辑操作。

为了制作出高质量的文档，我们还需要遵循一定的思路和方法。文档的一般制作思路如图 2-1-2 所示。

三、文档的基本要素

设计和排版一篇电子文档，主要考虑以下两个基本要素。

1. 版式

一篇电子文档的版式一般包括页面布局和文档格式两个方面。

（1）页面布局。文档的页面布局主要包括纸张大小和方向、页边距、页面边框、分栏、文字方向等。合理的布局设置可以提高文档的可读性和美观性，使内容更加清晰易懂。

（2）文档格式。文档格式包括文本格式、段落格式、页面格式等。其中，文本格式包括字体、字形、字号、颜色、字符间距等，段落格式包括段落对齐方式、缩进、

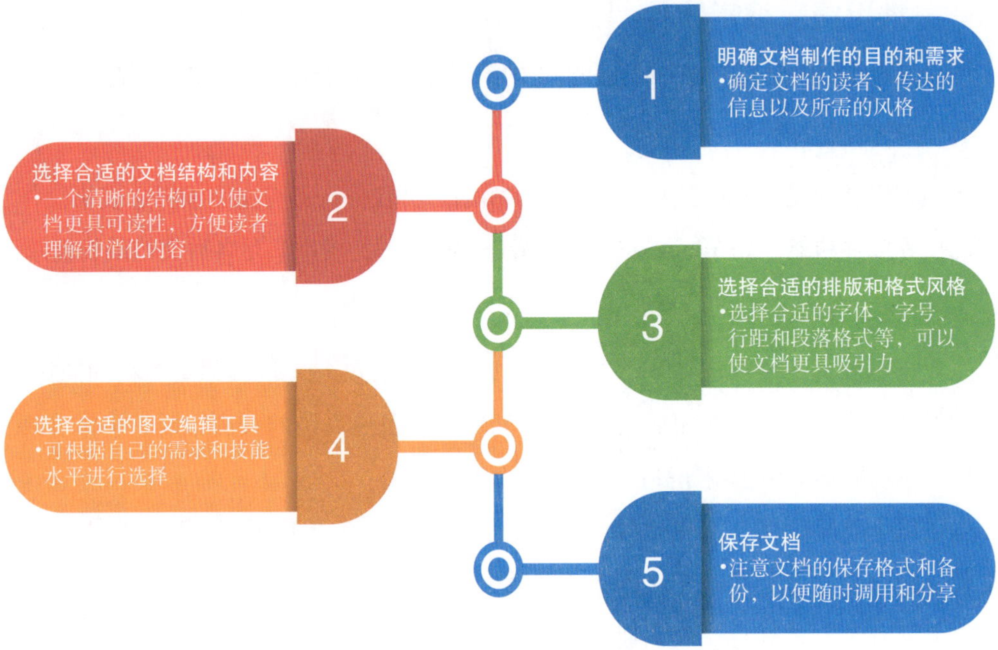

图 2-1-2　文档的一般制作思路

行间距与段落间距、项目符号和编号、底纹和边框等，页面格式包括页面布局、页面背景、页眉和页脚、页面边框等。

2. 内容

文档的内容由标题和正文构成。正文中还包括文字、表格、图片、图表等元素。

文档的类型决定了文档的内容和版式。常见的文档类型有报告、合同、论文、实验报告等。在实际应用中，需要根据不同的文档类型安排文档内容和设计文档版式，以满足特定的需求和规范。

知识拓展

常用的文本文件类型主要包括以下几种。

纯文本：文件扩展名为.txt。纯文本是最简单的文本文件类型，可以使用 Windows 自带的记事本或其他文本编辑器打开。它通常用于存储纯文本信息，不包含格式或样式信息。

PDF 文档：文件扩展名为.pdf 。PDF 文档是一种跨平台的文件格式，具有良好的可读性和兼容性。PDF 文档可以在不同设备和操作系统上保持一致的显示效果。

Word 文档：文件扩展名为.doc 和.docx。doc 是早期版本的 Word 文档格式，而 docx 是较新版本的格式。docx 格式相对于 doc 格式更加方便和灵活，其支持更多的功能和特性，如嵌入字体、元数据、多媒体内容等。

WPS 文档：文件扩展名为.wps 或.docx。WPS 文档兼容性强，可以在多种操作系统和设备上打开和编辑。

任务分析

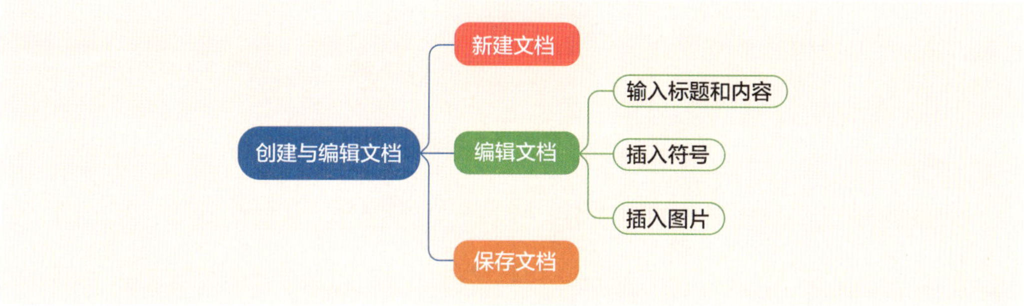

任务实践

下面我们就跟林小信一起，完成世界技能大赛介绍文稿的创建与编辑。本任务我们使用 WPS Office 完成。

1. 新建文档

双击桌面快捷图标，启动 WPS Office，新建一个空白文档，如图 2-1-3 所示。

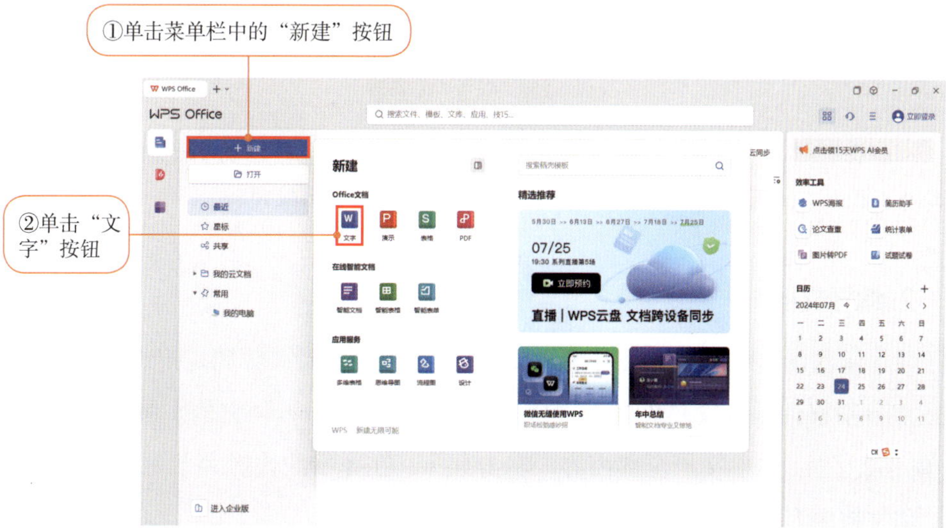

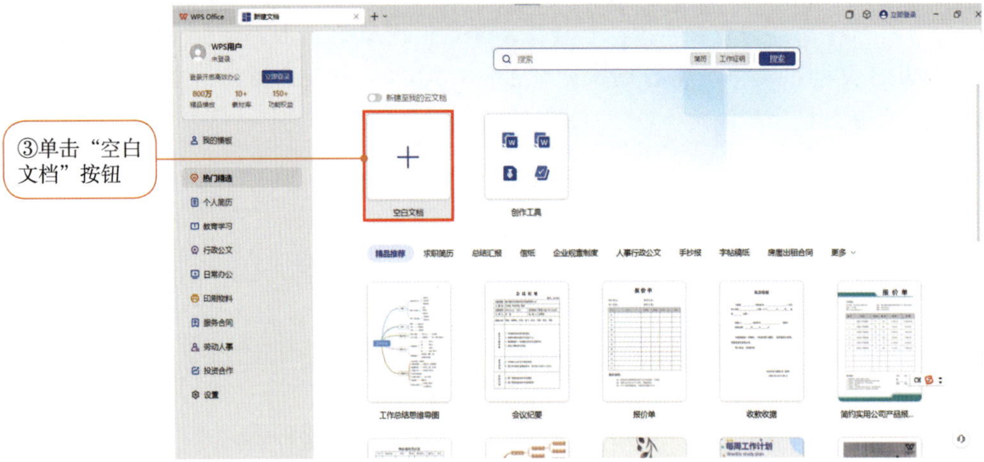

图 2-1-3　新建文档

新建的空白文档操作界面如图 2-1-4 所示。

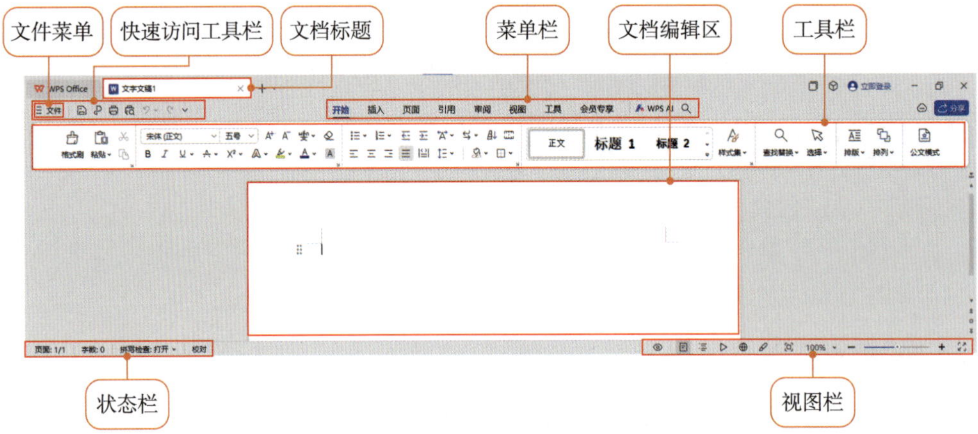

图 2-1-4　WPS Office 文档操作界面

操作提示

单击新建文档对话框菜单栏中的“打开”按钮，可以打开已有文档。同时，WPS Office 文档提供了多种文档模板，可根据需要选择使用。

2. 编辑文档

（1）输入标题和内容。使用键盘输入“世界技能大赛”标题，按“Enter”键换行，插入点自动移到下一段开头处。打开“世界技能大赛.docx”文档（参见“素材库 / 第二单元 /2.1”），选中文档全部内容，右击鼠标，在弹出的快捷菜单中选择“复制”命令，将文档内容粘贴到新建的文档中。

（2）插入符号。将插入点定位到第一段文字后，插入符号“☞”，如图 2-1-5 所示。

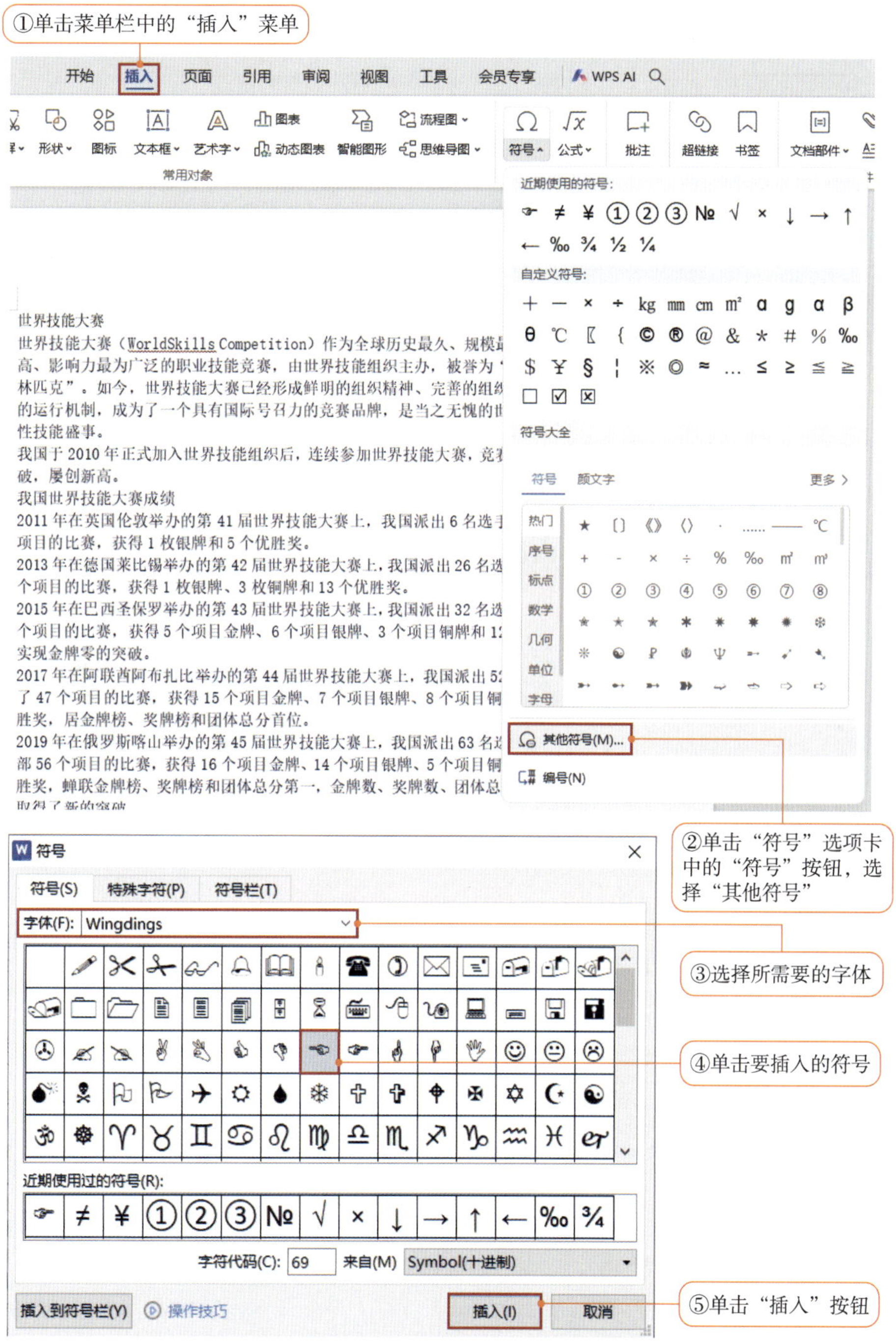

图 2-1-5　插入符号

（3）插入图片。将插入点定位到第二行文字开始处，插入素材库中的“世界技能大赛标志.jpg”图片，更改图片大小，选择图片环绕方式。操作步骤如图 2-1-6 所示。

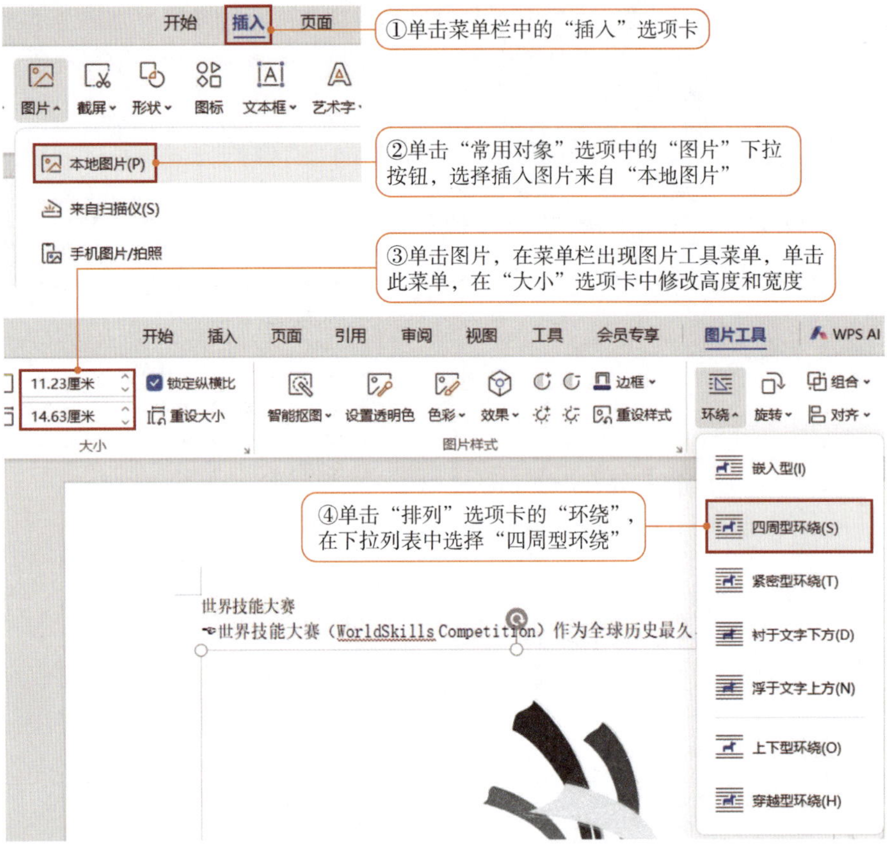

图 2-1-6 插入图片

3. 保存文档

文档设置完成后，单击快速访问工具栏中的“保存”按钮或单击“文件 / 另存为”命令，将此文档命名为“世界技能大赛.docx”（也可保存为 WPS 文字文件）。操作步骤如图 2-1-7 所示。

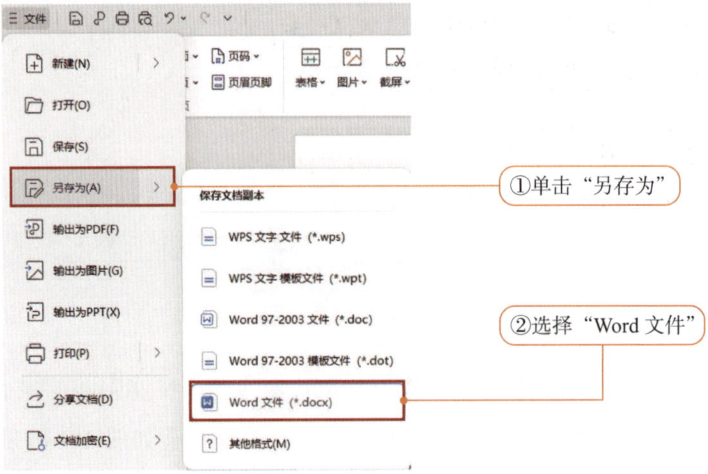

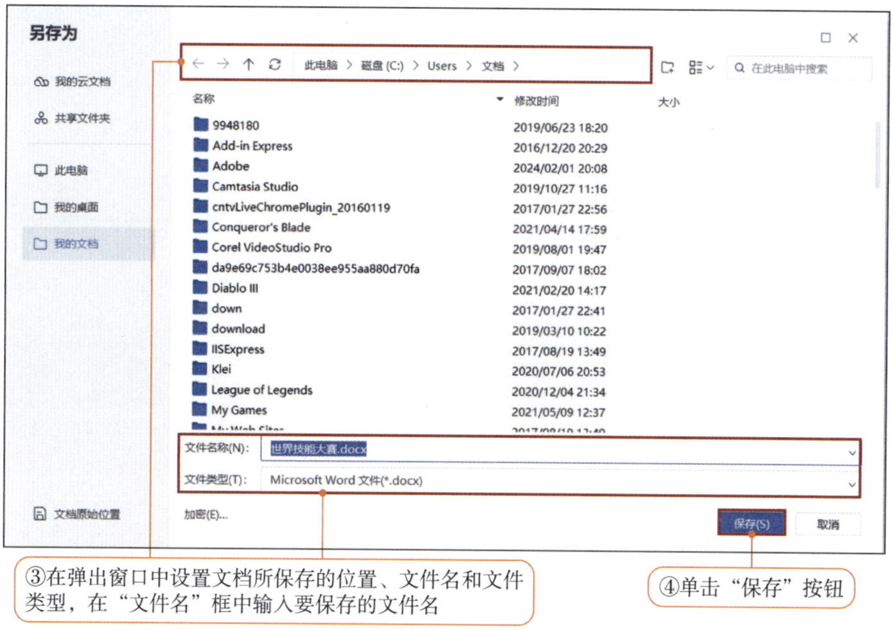

图 2-1-7　保存文档

巩固提高

在刚刚完成的“世界技能大赛.docx”文档最后录入以下文字，并保存。再将文档另存为 PDF 格式。

2022 年 9—11 月，世界技能大赛特别赛分别在 15 个国家举办。我国代表团参加了全部 62 个项目中的 34 个项目，获得 21 金 3 银 4 铜和 5 个优胜奖，金牌榜、团体总分再次位居世界第一，为祖国和人民赢得了荣誉。

任务 2　设置文档格式

任务描述

林小信成功完成了“世界技能大赛”文档的编辑。为了使文档的整体效果看起来更加美观，她准备对文档格式进行设置。设置好的文档效果如图 2-1-8 所示。

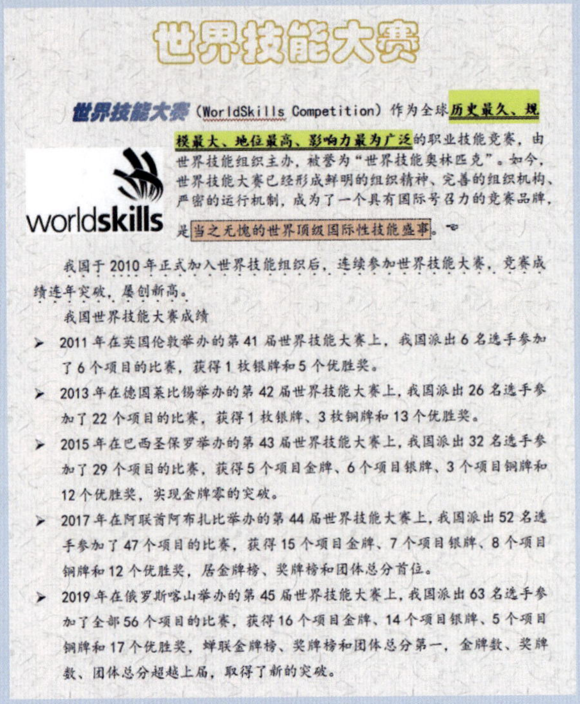

世界技能大赛

世界技能大赛（WorldSkills Competition）作为全球历史最久、规模最大、地位最高、影响力最为广泛的职业技能竞赛，由世界技能组织主办，被誉为“世界技能奥林匹克”。如今，世界技能大赛已经形成鲜明的组织精神、完善的组织机构、严密的运行机制，成为了一个具有国际号召力的竞赛品牌，是当之无愧的世界顶级国际性技能盛事。

我国于 2010 年正式加入世界技能组织后，连续参加世界技能大赛，竞赛成绩连年突破，屡创新高。

我国世界技能大赛成绩

- 2011 年在英国伦敦举办的第 41 届世界技能大赛上，我国派出 6 名选手参加了 6 个项目的比赛，获得 1 枚银牌和 5 个优胜奖。
- 2013 年在德国莱比锡举办的第 42 届世界技能大赛上，我国派出 26 名选手参加了 22 个项目的比赛，获得 1 枚银牌、3 枚铜牌和 13 个优胜奖。
- 2015 年在巴西圣保罗举办的第 43 届世界技能大赛上，我国派出 32 名选手参加了 29 个项目的比赛，获得 5 个项目金牌、6 个项目银牌、3 个项目铜牌和 12 个优胜奖，实现金牌零的突破。
- 2017 年在阿联酋阿布扎比举办的第 44 届世界技能大赛上，我国派出 52 名选手参加了 47 个项目的比赛，获得 15 个项目金牌、7 个项目银牌、8 个项目铜牌和 12 个优胜奖，居金牌榜、奖牌榜和团体总分首位。
- 2019 年在俄罗斯喀山举办的第 45 届世界技能大赛上，我国派出 63 名选手参加了全部 56 个项目的比赛，获得 16 个项目金牌、14 个项目银牌、5 个项目铜牌和 17 个优胜奖，蝉联金牌榜、奖牌榜和团体总分第一，金牌数、奖牌数、团体总分超越上届，取得了新的突破。

图 2-1-8 格式设置后的文档效果

知识储备

一、文本格式

文本格式设置主要包括对文档标题和正文、字符格式进行设置，通过这些设置可以使文档内容展示更加清晰，易于阅读。

1. 文档标题和正文

在文档编辑中，标题和正文是构成文档的两个基本部分，它们在格式设置上通常会有所不同，以体现文档的结构和层次。一般情况下，标题通常使用较大的字号，如 14 号或 16 号；而正文则使用较小的字号，如 12 号或 10 号。

2. 字符格式

以下是一些常见的字符格式设置。

（1）字体。字体指字符的形体，如宋体、微软雅黑、Times New Roman 等。不同的字体有不同的风格和特点，可以根据需要选择适合的字体。

（2）字号。字号指字符的大小。文档的不同部分可以使用不同的字号。适当的字号大小有助于提升阅读舒适度。

（3）字符颜色。使用不同的字符颜色来突出显示关键信息，有助于读者快速捕捉到文档中的重点内容。

（4）字形。字形指的是文字的不同形状，包括粗体、斜体、下划线、删除线、上标、下标等。这些样式可以用于强调某些词语或提供额外的信息。

（5）字间距。字间距是字符之间的距离，调整字间距可以优化文本的可读性。

在 WPS Office 文字中，主要通过“开始”菜单栏的“字体”组进行字符格式设置，如图 2-1-9 所示。

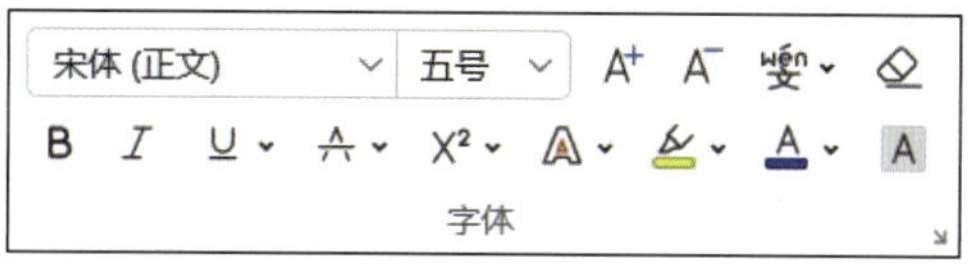

图 2-1-9　“字体”组

“字体”组常用选项及功能见表 2-1-1。

表 2-1-1　“字体”组常用选项及功能

名称	选项	功能
“字体”下拉列表框	宋体 (正文)	为文字选择字体
“字号”下拉列表框	五号	为文字选择字号
加粗	B	可将文字设置为加粗
倾斜	*I*	可将文字设置为倾斜
下划线	U	为文字添加下划线
字体颜色	A	为文字设置颜色
文字效果	A	对所选文字应用外观效果（如阴影、发光或映像）
上标	X^2	可将所选文字设置为上标
下标	X_2	可将所选文字设置为下标
增大字号	A^+	可将所选文字的字号增大
减小字号	A^-	可将所选文字的字号减小

二、段落格式

段落格式是指文档中各个段落的外观和排版方式。合理设置段落格式可以使文档结构清晰、层次分明，提高可读性。以下是一些常见的段落格式设置。

1. 对齐方式

段落的对齐方式包括左对齐、右对齐、居中对齐、两端对齐和分散对齐。选择合适的对齐方式可以使段落看起来整齐、美观，并有助于引导读者的视线。

2. 缩进

缩进是指段落首行相对于页面左侧边界的距离。常见的缩进方式有首行缩进和悬挂缩进。首行缩进是将段落的首行向右缩进一定距离，有助于区分不同的段落；悬挂缩进则是将除首行外的其他行向右缩进一定距离，常用于报纸、杂志的排版中。

3. 间距

段落的间距包括段前间距和段后间距，即段落上方和下方的空白距离。适当的段间距可以使文档更加清晰易读，有助于区分不同的段落。

4. 行距

行距是指段落中每行文字之间的距离。常见的行距设置包括单倍行距、1.5倍行距、双倍行距等。行距的设置应根据文档的具体需求和字体大小来选择，使读者的阅读体验更加舒适。

5. 边框和底纹

为段落添加边框或底纹可以使文档更加突出和美观。边框可以是实线、虚线等样式，底纹可以是颜色或图案。这些设置可以用于突出重要内容或区分不同的段落。

在WPS Office文字中，主要通过“开始”菜单栏的“段落”组来设置，单击其中的按钮，便可为文档中选择的段落进行各种格式设置，如图2-1-10所示。

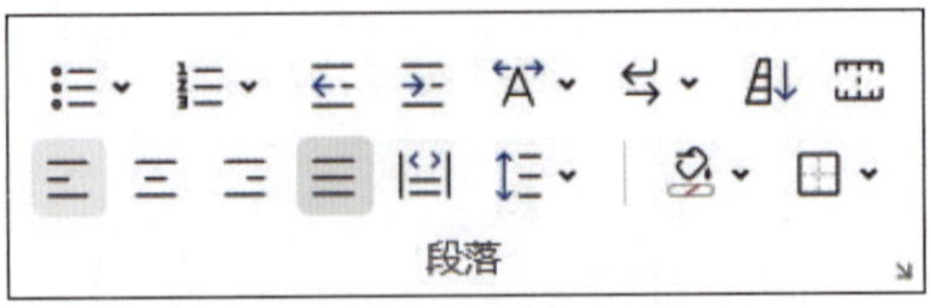

图2-1-10 “段落”组

“段落”组常用选项及功能见表2-1-2。

表 2-1-2　“段落”组常用选项及功能

名称	选项	功能
左对齐		使段落与正文的左边界对齐
居中对齐		使段落向中间对齐
右对齐		使段落与正文的右边界对齐
两端对齐		使段落同时向正文两端对齐
分散对齐		使段落同时向左边界和右边界对齐， 同时根据每一行需要增加字符的间距
行距	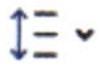	设置段落中每一行之间的距离
项目符号		给选定段落添加项目符号
编号		给选定段落添加编号
增加缩进		延长段落与正文左边界的距离
减少缩进		缩短段落与正文左边界的距离

三、页面格式

页面格式是指整个文档的页面布局和外观设计。它涉及纸张大小和方向、页边距、页眉和页脚、页码等多个方面。合理的页面格式设置可以使文档更加美观、易读，达到更加专业的排版要求。以下是一些常见的页面格式设置。

1. 纸张大小和方向

根据需要选择适当的纸张大小，如 A4、A3、Letter 等。同时，还可以设置纸张的方向，如纵向或横向。

2. 页边距

页边距是指页面边缘与正文内容之间的距离。合理设置页边距可以使文档看起来更加舒适，并方便读者阅读。通常，页边距的设置包括上、下、左、右 4 个方向。

3. 页眉和页脚

页眉是位于页面顶部的区域，通常用于显示文档的标题、日期或页眉线等信息；页脚则位于页面底部，可以用于显示页码、日期或页脚线等。通过设置页眉和页脚，可以增加文档的规范性和专业性。

4. 页码

页码是用于标识文档页数的数字或字母。通过设置页码，可以方便读者查找和定位文档内容。页码的位置通常位于页脚区域，但也可以根据需要进行调整。

5. 页面背景

文档的页面背景包括背景颜色和水印，通过设置页面背景可以增加文档的视觉效果和美观度。水印是一种可以在文档页面上轻微显示的文字或图案，常用于标识文档的版权信息或保密级别。

6. 分页

分页是指将文档内容分成不同的页面，每个页面都从新的一页开始。分页通常用于控制文档在不同页面上的布局和呈现方式。在 WPS Office 等文本编辑软件中，可以通过插入分页符或选择分页选项来实现分页。分页符是一种特殊的符号，它标记了上一页结束和下一页开始的位置。当文档内容填满一页时，系统会自动插入一个分页符，并开始新的一页。分页符的插入位置可以根据需要进行调整，以确保文档在不同页面上的布局符合要求。

知识拓展

在文档编辑中，分页与分节是两个重要的概念，它们在页面格式设置和排版中发挥着关键的作用。

分节是指将文档内容分成不同的节，每个节都具有独立的页面格式设置。分节可以用于控制文档中不同部分的页面格式，如页眉、页脚、页码等。在 WPS Office 中，可以通过插入分节符来创建新的节，并对每个节进行独立的页面格式设置。通过分节，可以实现同一页中不同节的格式设置，或者在分节的同时开始新的一页。

分页与分节的主要区别在于它们的作用范围和应用场景。分页主要用于控制文档在不同页面上的布局，而分节则用于控制文档中不同部分的页面格式设置。

例如，在编辑一本书时，可能需要将每章设置为一个独立的节，并为每个节设置不同的页眉、页脚和页码格式。而在编辑一篇长文档时，可能需要根据内容将文档分成不同的页面，以便更好地组织和呈现信息。

任务分析

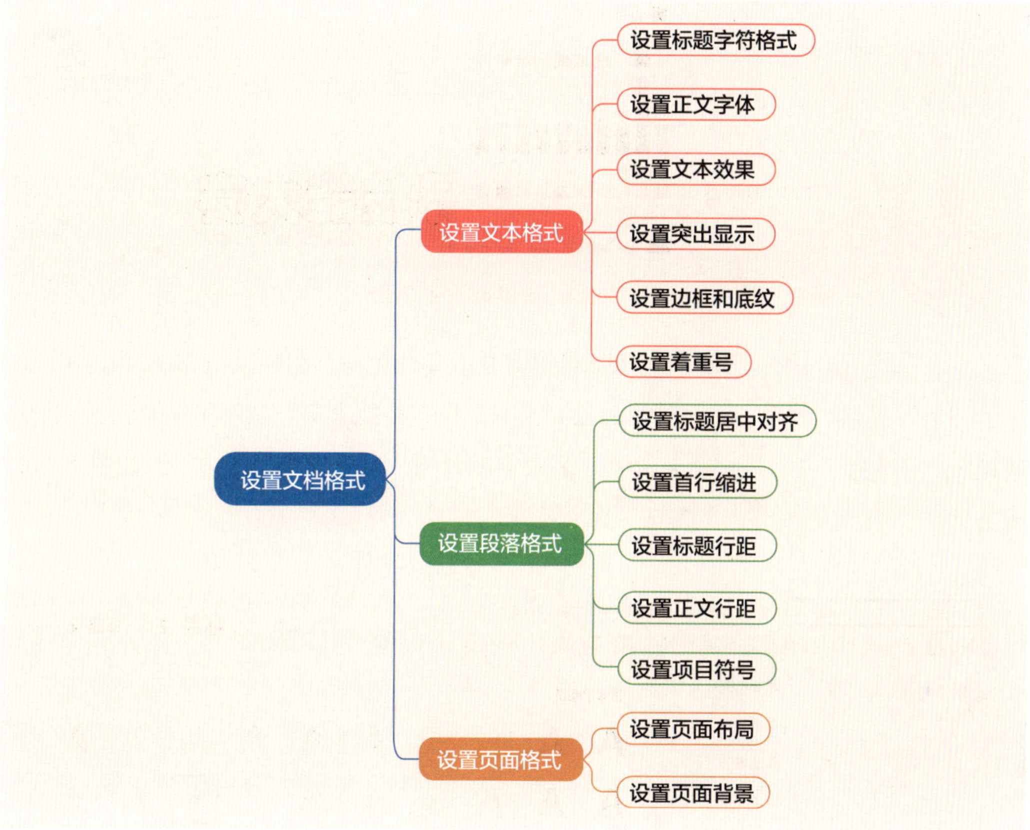

任务实践

林小信按照如下步骤对文本内容进行了设置。

1. 设置文本格式

打开本节任务 1 完成的文档“世界技能大赛.docx”。

（1）设置标题字符格式。选定标题文本，设置字体为“华文彩云”，字号为“小初”，颜色为“橙色，着色 3”。操作步骤如图 2-1-11 所示。

操作提示

在 WPS Office 文字中进行的所有格式操作都必须先选定操作对象，否则操作无效。

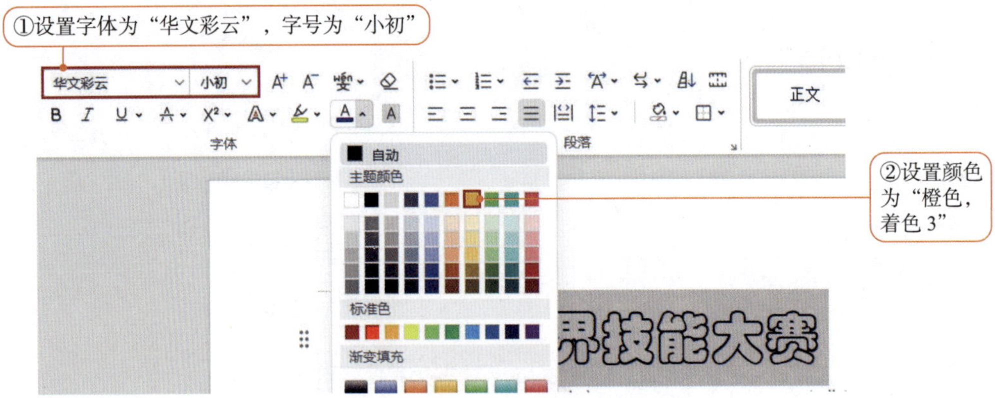

图 2-1-11　设置标题字符格式

（2）设置正文字体。用同样的方法设置所有正文字体为“楷体”，字号为“小四号”。

（3）设置文本效果。将文档第一段开头的“世界技能大赛”文字字体设置为“华文琥珀”，字号为“二号”，设为斜体，艺术字设置为“渐变填充 - 钢蓝”，如图 2-1-12 所示。

图 2-1-12　设置文本效果

（4）设置突出显示。将“历史最久、规模最大、地位最高、影响力最为广泛”这句话设置加粗，添加双划线，并加黄色底纹以突出显示，如图 2-1-13 所示。

图 2-1-13　设置突出显示

（5）设置边框和底纹。将第一段结尾处的“当之无愧的世界顶级国际性技能盛事”这句话添加虚线边框，设置底纹为“巧克力黄，着色 2，浅色 60%”。操作步骤如图 2–1–14 所示。

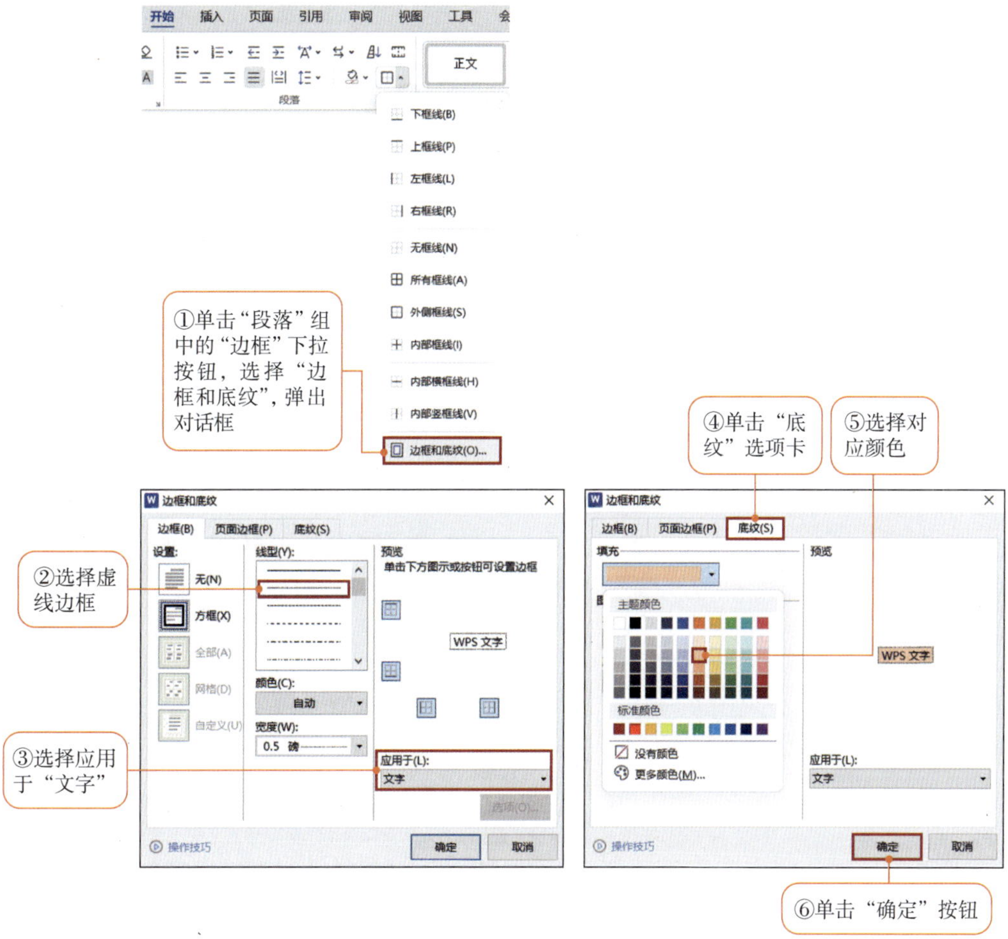

图 2–1–14　设置边框和底纹

（6）设置着重号。为正文第二段添加着重号。操作步骤如图 2–1–15 所示。

2. 设置段落格式

（1）设置标题居中对齐。设置文档标题“世界技能大赛”居中对齐，如图 2–1–16 所示。

（2）设置首行缩进。将正文段落设置为首行缩进 2 个字符。操作步骤如图 2–1–17 所示。

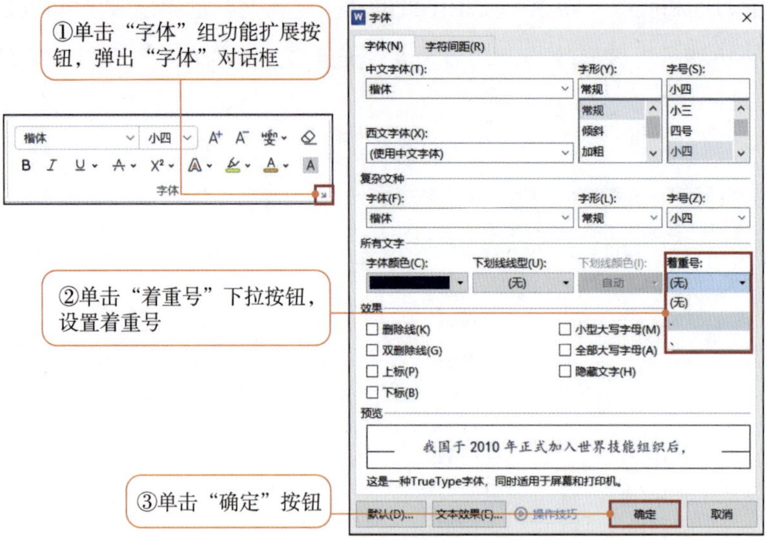

图 2-1-15　设置着重号

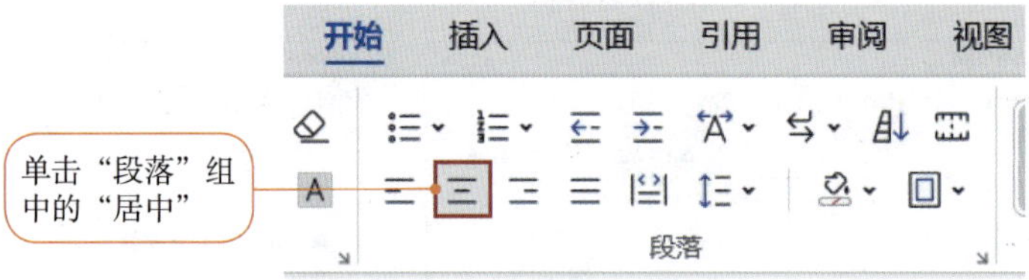

图 2-1-16　设置标题居中对齐

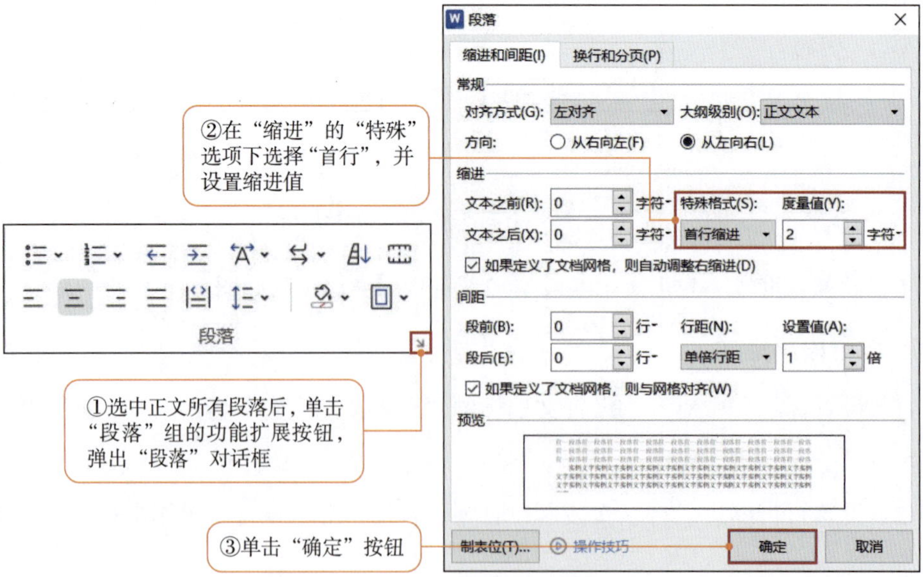

图 2-1-17　设置首行缩进

（3）设置标题行距。将文档标题行距设置为段后 0.5 行，如图 2–1–18 所示。

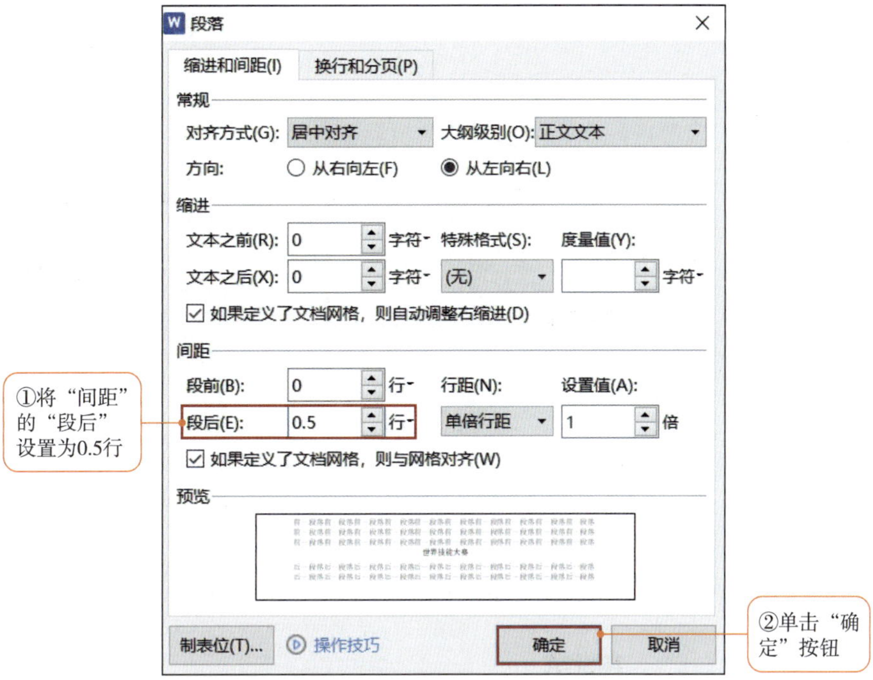

图 2–1–18　设置标题行距

（4）设置正文行距。将正文段前、段后间距均设置为 0 行，行距设置为固定值 20 磅，如图 2–1–19 所示。

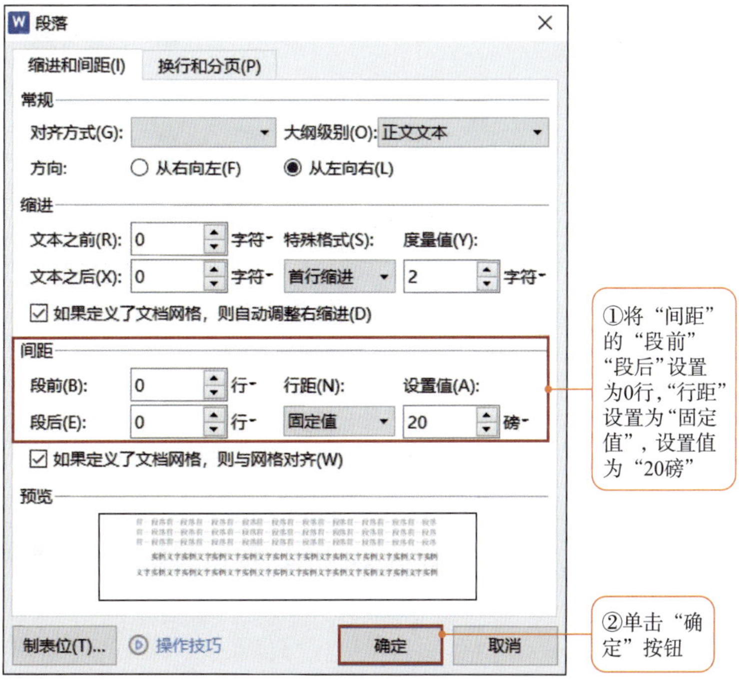

图 2–1–19　设置正文行距

（5）设置项目符号。为文档第 4 ~ 8 段设置项目符号。操作步骤如图 2-1-20 所示。

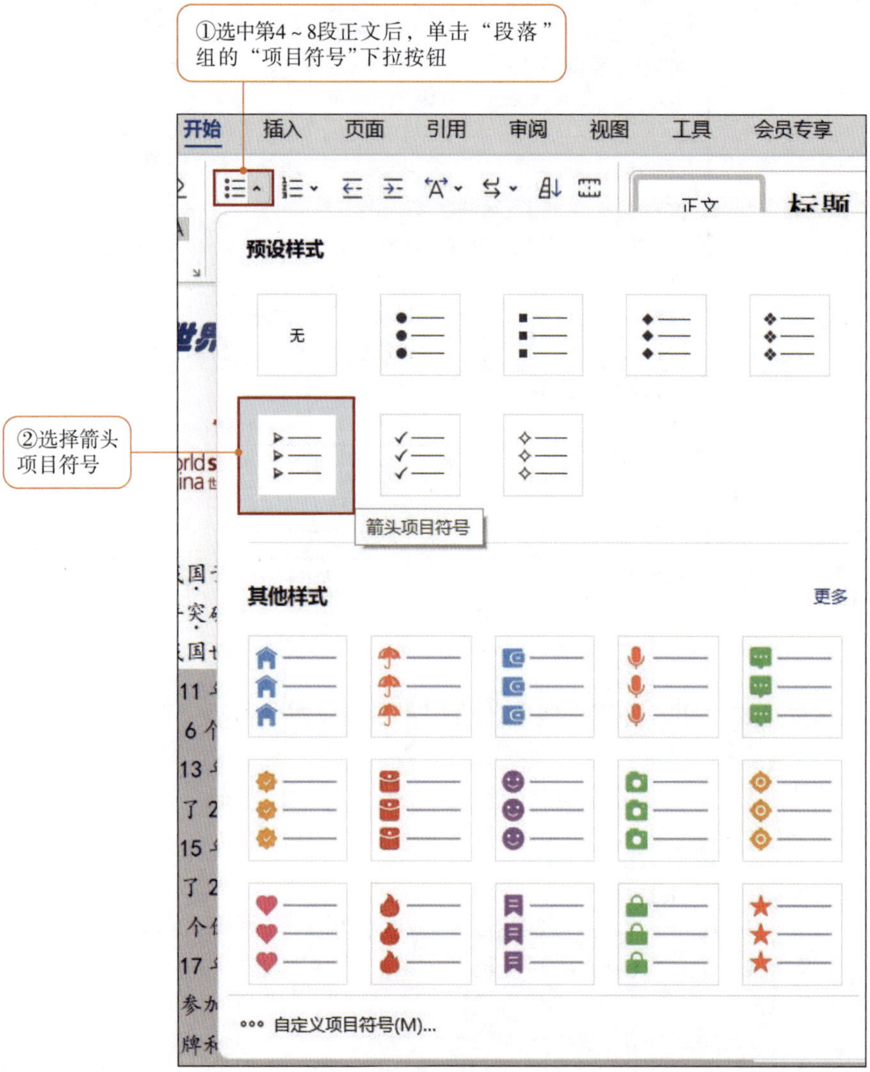

图 2-1-20 设置项目符号

3. 设置页面格式

（1）设置页面布局。设置纸张大小为“A4”，纸张页面方向为“纵向”，页边距为“普通”。操作步骤如图 2-1-21 所示。

（2）设置页面背景。为文档添加背景颜色“纹理 / 纸纹 2”。操作步骤如图 2-1-22 所示。

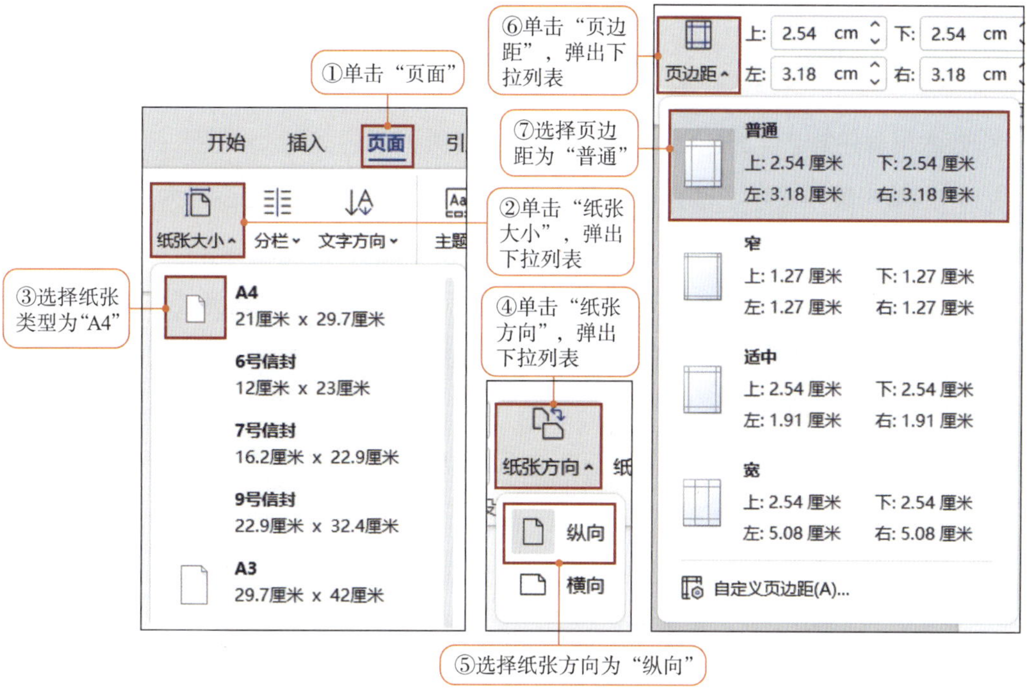

图 2-1-21 设置页面布局

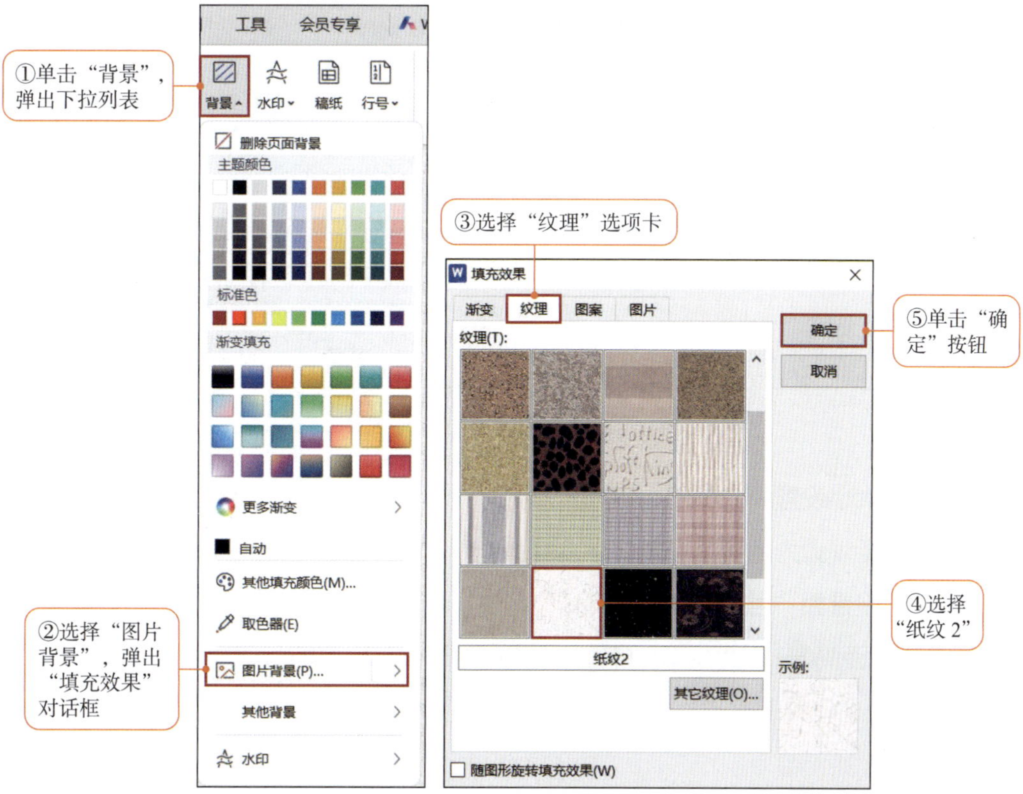

图 2-1-22 设置页面背景

巩固提高

对本小节任务 2 完成的文档继续进行格式设置。

1. 为第一段中文字“世界技能奥林匹克”添加波浪线，颜色设置为“红色”，字体为“仿宋”，字号为“四号”。

2. 为文档正文第 4 ~ 8 段开头的年份文字添加突出显示，颜色为“鲜绿”。

3. 为文档正文第 3 段中文字“我国世界技能大赛成绩”添加底纹，填充为“橙色”，样式为“5%”。

4. 给文档正文第 4 ~ 8 段添加蓝色边框，边框样式如图 2-1-23 所示。

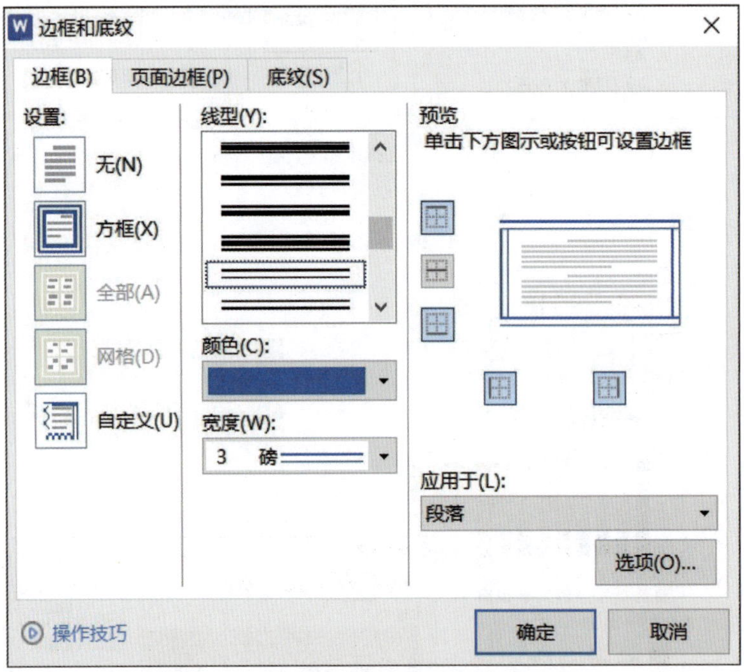

图 2-1-23 边框样式

5. 纸张大小设置为“B4”，纵向排版。

6. 页边距设置为上 3.7 厘米、下 3.5 厘米、左 2.8 厘米、右 2.6 厘米。

7. 页眉设置为“世界技能大赛介绍”。

8. 除去页面背景，改为水印。将“世界技能大赛标志.jpg”图片设置为文档的水印。

拓展与探究

1. 保护文档

当 WPS 文档中包含敏感信息，如个人隐私、商业机密等，需要防止未经授权的人员查看或编辑时，或者在团队协作编辑的情况下，有时可能会不小心修改或删除他人的工作成果，这时就需要对文档进行保护，限制文档的编辑或打开。

（1）如果不想 WPS 文档被随意打开，可以设置打开密码，只有输入正确的密码才能打开文件。打开 WPS 文档后，单击“文件”选项，在下拉菜单中选择“文档加密 / 密码加密”。在弹出的“密码加密”对话框中的“打开权限”选项下输入密码，并再次输入密码，然后单击“应用”。

（2）如果想防止文档被意外更改，可以设置“只读模式”。“只读模式”下的 WPS 文档无法修改。打开 WPS 文档后，单击“审阅”选项，选择“限制编辑”，设置文档的保护方式为“只读”，然后单击“启动保护”，在弹出的“启动保护”对话框中设置密码并确认。

（3）如果想禁止他人修改 WPS 文档，可以设置“编辑权限”。只有输入正确的密码才能编辑文档，否则无法对文档在限制范围内进行更改。打开 WPS 文档后，单击“文件”选项，在下拉菜单中选择“文档加密 / 密码加密”。在弹出的“密码加密”对话框中的“编辑权限”选项下输入密码，并再次输入密码，然后单击“应用”。

（4）WPS 还提供了账号加密的功能，即通过登录 WPS 账号对文档进行加密，非指定账号不能查看或编辑该文档。

2. 应用样式美化文档

WPS 中的样式是一种集合了多种格式的复合格式，它集合了字体、段落等相关格式，可以快速地应用到文本上，使文档更加美观和易读。以下是 WPS 样式应用的一些方法。

（1）应用内置样式。WPS 提供了许多内置的样式，如“标题 1”“标题 2”等。可以直接在“开始”选项卡中选择相应的样式，然后应用到文本上。

（2）创建自定义样式。如果内置的样式不能满足需求，可以创建自定义样式。在“开始”选项卡中，单击“样式”窗格右下角的小箭头，然后选择“新建样式”。在弹出的对话框中可以设置字体、字号、颜色、对齐方式等各种格式，然后保存为新的样式。

（3）修改样式。如果对某个样式进行了修改，但希望保留原始样式，可以右键单击该样式，然后选择“修改样式”。在弹出的对话框中，可以修改样式的各种属性，然后保存修改。

（4）删除样式。如果不再需要某个样式，可以右键单击该样式，然后选择“删除”，从样式库中删除该样式。

（5）为样式设置快捷键。为了提高效率，可以为常用的样式设置快捷键。右键单击样式，选择“修改样式”，然后在弹出的对话框中选择“格式 / 快捷键”即可为样式指定一个快捷键。

总的来说，样式是 WPS 中非常实用的功能，它可以快速美化文档，提高工作效率。通过合理应用样式，可以使文档更加清晰、易读和美观。

你也来挑战一下吧，应用以上功能，继续美化“世界技能大赛”文档。比一比，谁的作品更美观，谁的创意更胜一筹。

2.2 制作表格

在文档制作的时候经常会用到表格。表格可以直观地展示信息之间的关系。在常用的文字处理软件中，都可以非常方便地制作表格，并可以像编辑普通文本一样编辑表格。例如，输入文本、数字和公式，设置字体、颜色、对齐方式，调整行高和列宽，合并和拆分单元格，以及对数据进行排序和筛选等。

学习目标

1. 掌握创建与编辑表格的方法。
2. 学会设置表格格式。
3. 了解表格排序与计算的方法。

任务 1　创建与编辑表格

任务描述

介绍世界技能大赛的文稿制作完成后，林小信还要制作一份表格，展示我国选手在近几届世界技能大赛中取得的优异成绩。表格的主要内容包括举办地点，金、银、铜牌及优胜奖的获奖项目数以及奖牌总数。制作好的表格如图 2-2-1 所示。

我国参加历届世界技能大赛成绩

届次	举办地点	金牌项目数	银牌项目数	铜牌项目数	优胜奖数	获奖总数
第 41 届	英国伦敦	0	1	0	5	6
第 42 届	德国莱比锡	0	1	3	13	17
第 43 届	巴西圣保罗	5	6	3	12	26
第 44 届	阿联酋阿布扎比	15	7	8	12	42
第 45 届	俄罗斯喀山	16	14	5	17	52
特别赛	15 个国家	21	3	4	5	33
合计		57	32	23	64	176

图 2-2-1　我国参加历届世界技能大赛成绩表格

知识储备

一、表格的基本元素

表格由水平的行和垂直的列组成，行列交会处的方格为单元格。表格的第一行为表头，用来指明表格每一列的内容和意义。表格的基本元素如图 2-2-2 所示。

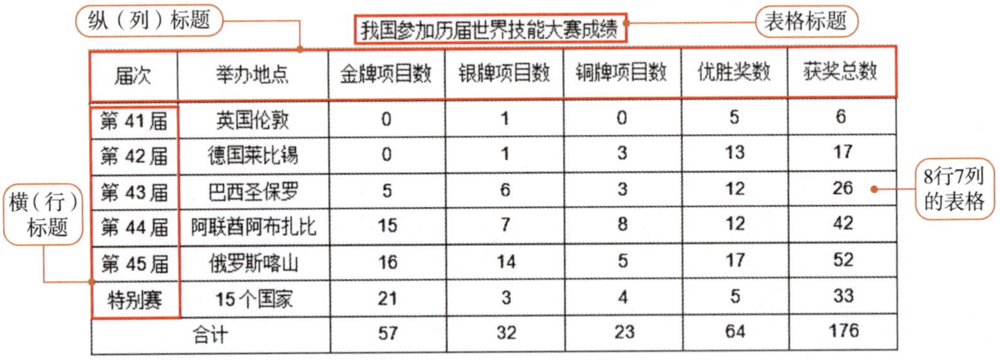

图 2-2-2　表格的基本元素

二、创建表格的方法

在创建表格之前，我们首先要确定表格的标题、行列数，以及表格的内容。在文字处理软件中创建表格的方法有多种，常用的有插入表格、手动绘制表格、文本转换成表格。

1. 插入表格

单击“插入”选项卡的“表格”工具，有两种插入表格的方式。如果要创建的表格行数与列数较少，可以直接拖动选择行与列；如果要创建的表格行数与列数较多，可以单击“插入表格”命令，如图 2-2-3 所示。

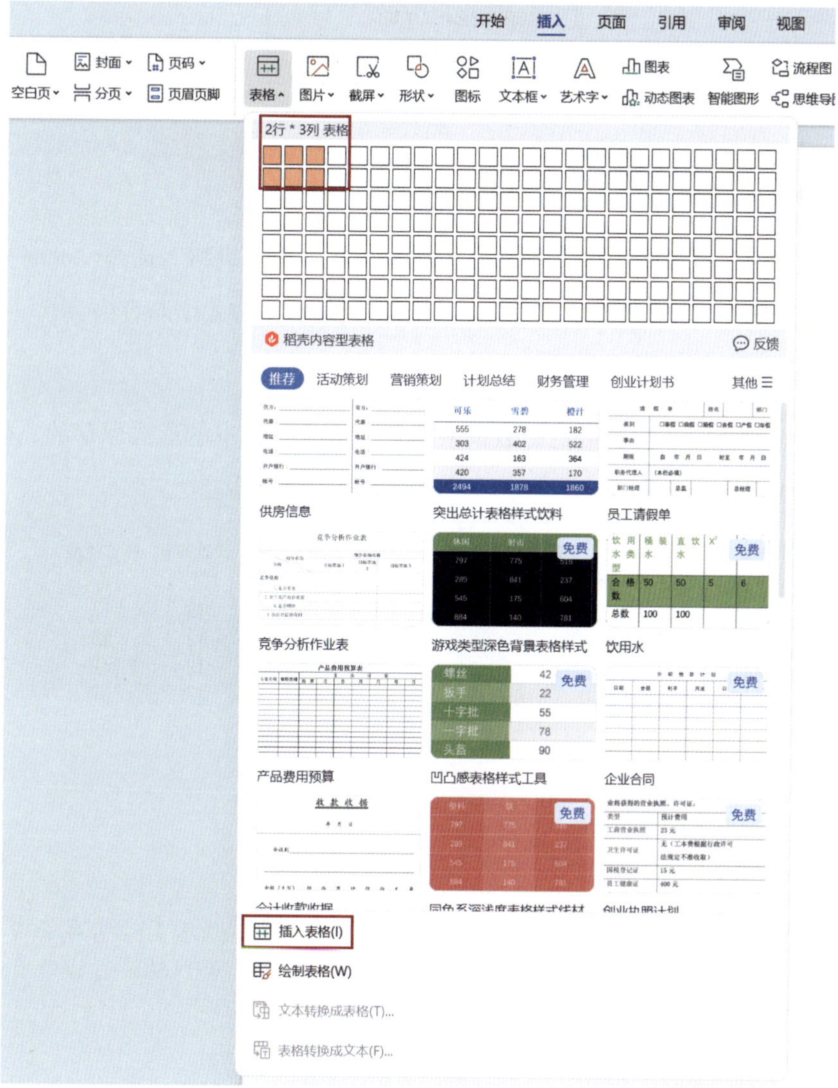

图 2-2-3　插入表格

单击“插入表格”命令，弹出“插入表格”对话框，填写行数与列数，如图 2-2-4 所示，即生成一个相应的表格。

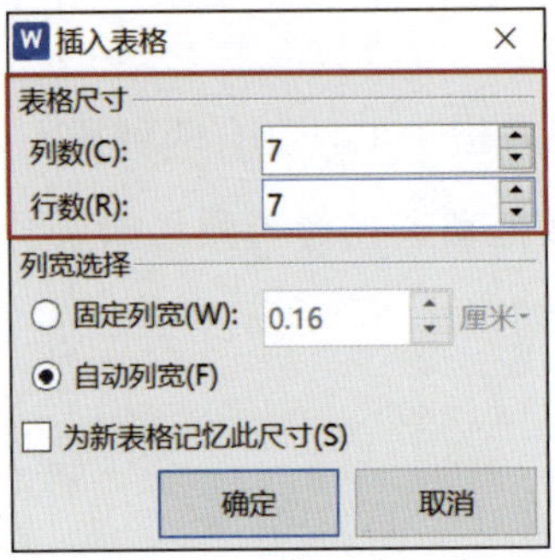

图 2-2-4　“插入表格”对话框

2. 手动绘制表格

单击“插入”选项卡中的“表格”工具，选择“绘制表格”命令，此时光标变成一支铅笔的样子，可在需要插入表格的位置直接用拖拽的方式绘制表格。

3. 文本转换成表格

如图 2-2-5 所示，当表格内的数据较多，并且是用文本的形式保存的，能否将文本直接转换成表格呢？常用的文字处理软件都提供了这种功能。

届次	举办地点	金牌项目数	银牌项目数	铜牌项目数	优胜奖数	获奖总数
第41届	英国伦敦	0	1	0	5	6
第42届	德国莱比锡	0	1	3	13	17
第43届	巴西圣保罗	5	6	3	12	26
第44届	阿联酋阿布扎比	15	7	8	12	42
第45届	俄罗斯喀山	16	14	5	17	52
特别赛	15个国家	21	3	4	5	33

图 2-2-5　以文本形式保存的表格

操作提示

可以转换成表格的文本数据必须有固定的格式，即数据文本之间需要由固定的分隔符分隔开来，这样软件才能够识别数据之间的分隔，否则转换过后所有的数据只会被存放在一个单元格之内。

这里的分隔符可以是逗号、制表符、段落标记等。

选中需要转换成表格的文本，单击“插入”选项卡的“表格”工具，选择“文本转换成表格”命令。在“将文字转换成表格”的对话框中，可以选择默认的行列数，也可以手动调整行列数。在“文字分隔位置”下选择文本中使用的分隔符，如逗号、制表符或段落标记，单击“确定”按钮，如图 2-2-6 所示。

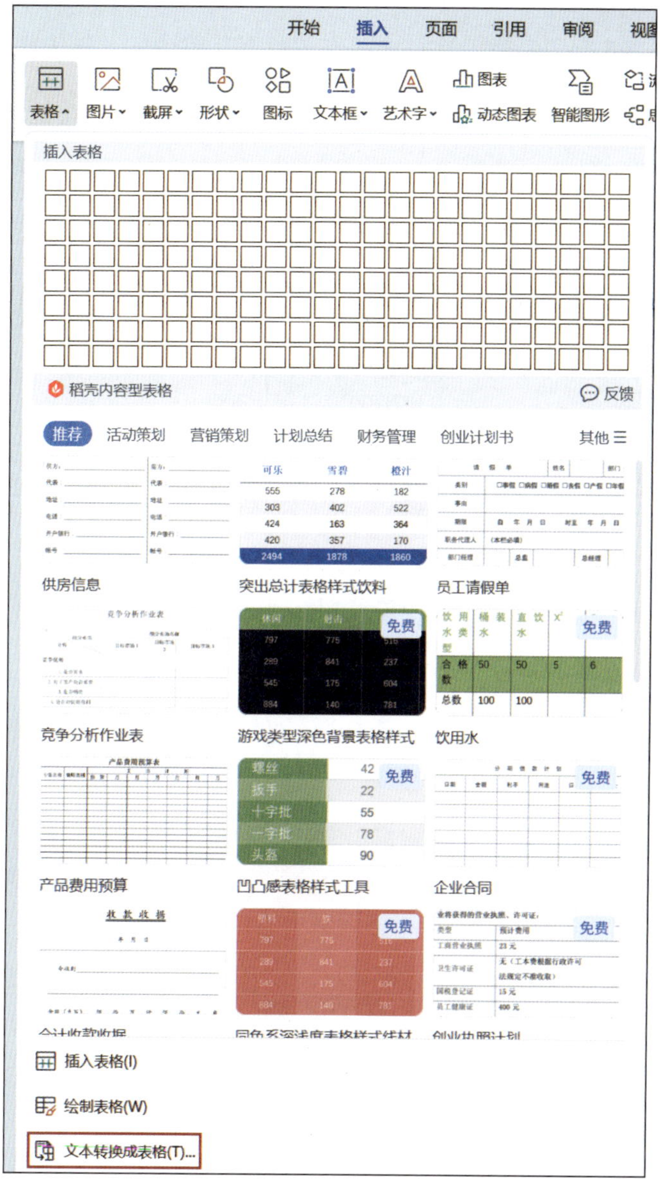

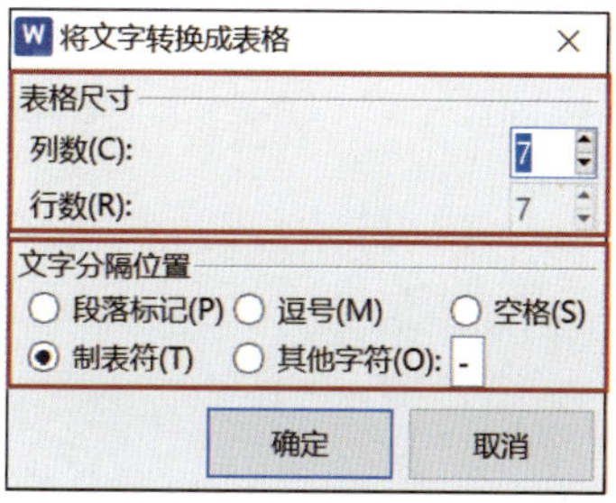

图 2-2-6　文本转换成表格

有时我们也会需要将表格里的数据转换成文本保存，即表格转换成文本。选中需要转换的表格，单击“表格工具”选项卡“数据”组中的“转为文本”命令，在弹出的“表格转换成文本”对话框中选择文字分隔符，即可将表格数据转换成文本，如图 2–2–7 所示。

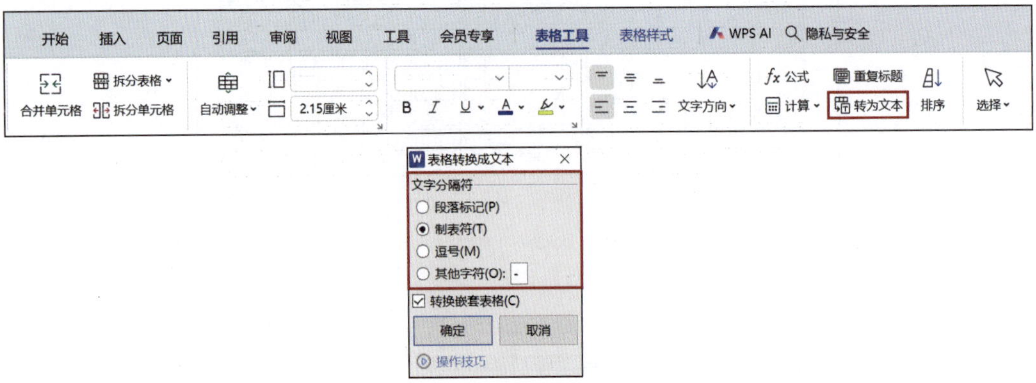

图 2–2–7　表格转换成文本

任务分析

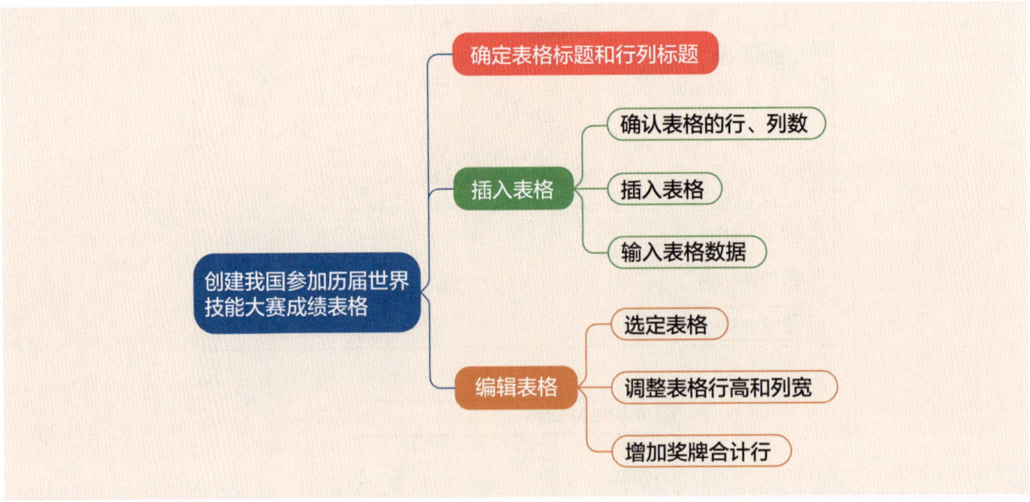

任务实践

下面我们就跟林小信一起，制作我国参加历届世界技能大赛成绩表。

1. 确定表格标题和行列标题

表格标题为“我国参加历届世界技能大赛成绩”，列标题为“届次”“举办地点”“金牌项目数”“银牌项目数”“铜牌项目数”“优胜奖数”“获奖总数”，行标题为近六届世界技能大赛的届次。

2. 插入表格

（1）确认表格的行、列数。该表格是一个规则的 7 行 7 列表格。

（2）插入表格。将光标定位至需要插入表格的位置，单击“插入 / 表格”组中的“插入表格”命令，在“插入表格”对话框中输入行数和列数，如图 2-2-8 所示，生成一个 7 行 7 列的表格。

图 2-2-8　插入的 7 行 7 列表格

操作提示

在“插入表格”对话框的“列宽选择”选项下，默认选择的是“自动列宽”，如图 2-2-9 所示。此选项表示新建表格的所有单元格宽度是根据窗口大小计算出来的平均列宽，当表格中输入数据超过表格的宽度时，数据会在单元格中自动换行。

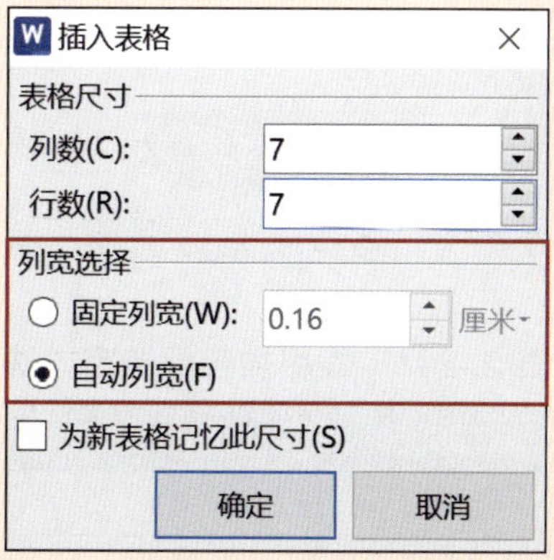

图 2-2-9　“插入表格”对话框中的“列宽选择”选项

（3）输入表格数据。将“举办地点”“金牌项目数”“银牌项目数”“铜牌项目数”“优胜奖数”等数据输入到新建的表格中，如图 2-2-10 所示。

届次	举办地点	金牌项目数	银牌项目数	铜牌项目数	优胜奖数	获奖总数
第 41 届	英国伦敦	0	1	0	5	6
第 42 届	德国莱比锡	0	1	3	13	17
第 43 届	巴西圣保罗	5	6	3	12	26
第 44 届	阿联酋阿布扎比	15	7	8	12	42
第 45 届	俄罗斯喀山	16	14	5	17	52
特别赛	15 个国家	21	3	4	5	33

图 2-2-10　输入表格数据

操作提示

表格中输入文本和数据的方法与文档正文一致，但是表格中文本的输入是以单元格为单位的，输入的文本达到单元格边界时会自动换行。

输入的文本超过单元格的行高时，该行所有单元格的行高会自动增加。单元格之间可通过键盘上的“制表键”进行切换。

在文档中添加表格后，功能区中将显示两个新选项卡“表格工具”和“表格样式”。

3. 编辑表格

创建好的表格需要根据内容对表格进行编辑，调整行高与列宽。

（1）选定表格。将鼠标移动到表格上，表格的左上角会出现“✥”图标，单击这个图标，选定整个表格。

实用技巧

在表格中做任何操作之前，都必须先选定单元格，选定单元格的方法见表 2-2-1。

表 2-2-1　表格内容的选定方法

鼠标位置	鼠标形状	操　作	效　果
单元格左边	➚	单击	选中该单元格
行左边	⬀	单击	选中该行
列上边	⬇	单击	选中该列

若要选择多个单元格或多行多列，则用相应的方法拖动鼠标即可。

（2）调整表格行高和列宽。表格的编辑主要体现在对表格行高和列宽的调整。新建表格中的“举办地点”列因为宽度不够导致内容自动换行，将光标置于“举办地点”列的任意单元格中，在“表格工具”选项卡“表格列宽”的下拉列表中输入“3 厘米”，精确调整该列的列宽，如图 2–2–11 所示。

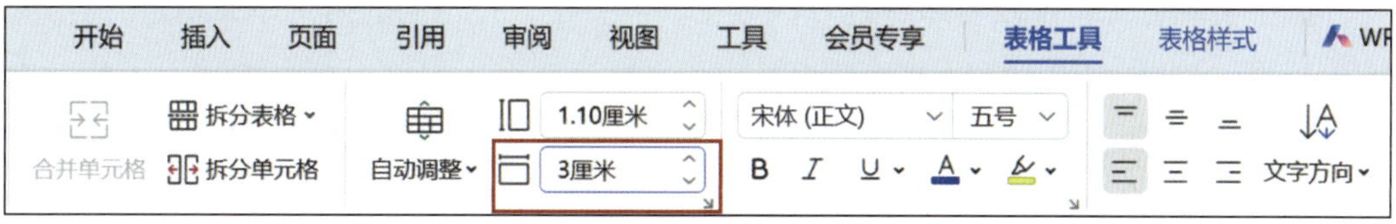

图 2–2–11　调整列宽

实用技巧

表格的列宽、行高与表格的大小也可以手动调整。

将光标停留在要修改的列边界右侧，当它变为“+||+”形状，用鼠标拖动光标，即可修改列宽。

将光标停留在要移动的行边界上，当它变为“÷”形状，拖动光标即可修改行高。

将光标放在表格右下角显示表格大小控点“◲”上，当它变为“⤡”形状的双向箭头，拖动光标，直到表格调整至所需大小。

接下来使用手动调整的方式调整表格行高和列宽，使其美观，并在“表格属性 / 单元格”项下设置“垂直对齐方式”为“居中”。

（3）增加奖牌合计行。目前创建好的表格中缺少最后的合计行。将光标定位于表格最后一行的任意单元格，单击“表格工具”选项卡“插入”菜单中的“在下方插入行”命令，如图 2–2–12 所示，在表格的最后就添加了一行空白单元格，我们把它作为奖牌合计行。

图 2–2–12　增加奖牌合计行

实用技巧

将鼠标光标移动到表格上任意位置，表格的下方与右侧均会显示“+”号的控制点。单击下方“+”号即可方便快捷地插入一行，单击右侧“+”号即可增加一列。

由于奖牌合计行中没有举办地点的数据，需要把合计行的前两个单元格进行合并。选中最后一行的“届次”与“举办地点”单元格，单击“表格工具”选项卡中的“合并单元格”，将这两个单元格合并成一个单元格。最后保存该文档。

操作提示

表格中合并的单元格也可以进行拆分。选中需要拆分的单元格，单击“表格工具”选项卡“合并”组中的“拆分单元格”，在弹出的“拆分单元格”对话框中输入列数、行数，即可将该单元格拆分成相应的单元格。

巩固提高

制作好的表格往往需要进行美化修饰，最快速、便捷修饰表格的方式是使用自动套用表格样式。文字处理软件内置了多种表格样式。选中表格，在“表格样式”选项卡中打开下拉菜单，将鼠标停留在不同的表格样式上，即可浏览样式的效果。单击需要的样式，即可直接套用表格样式，如图 2-2-13 所示。请你尝试套用表格样式，美化刚刚完成的表格吧。

图 2-2-13　套用表格样式

任务 2　设置表格格式

任务描述

为了使表格更加美观，林小信准备对任务 1 制作好的表格进行格式设置。设置好的表格效果如图 2-2-14 所示。

我国参加历届世界技能大赛成绩

届次	举办地点	金牌项目数	银牌项目数	铜牌项目数	优胜奖数	获奖总数
第 41 届	英国伦敦	0	1	0	5	6
第 42 届	德国莱比锡	0	1	3	13	17
第 43 届	巴西圣保罗	5	6	3	12	26
第 44 届	阿联酋阿布扎比	15	7	8	12	42
第 45 届	俄罗斯喀山	16	14	5	17	52
特别赛	15 个国家	21	3	4	5	33
合计		57	32	23	64	176

图 2-2-14　表格格式设置效果

知识储备

表格的美化是通过对表格格式的设置，包括边框和底纹的设置、环绕方式和对齐方式的设置等操作来实现的。这些操作主要在“表格样式”选项卡中进行。

一、边框和底纹

1. 边框

表格的边框可在“表格样式”选项卡的“边框”组中进行设置。

在“边框”组中选择“线型”“线型粗细”和“边框颜色”，光标会变成一支钢笔的样子。此时用鼠标单击表格中的任意框线，即可将表格的该段边框设置成设定的样式。也可以在需要添加边框的表格中右击，打开“表格属性”对话框中的“表格”选项卡，单击“边框和底纹”按钮，在弹出的“边框和底纹”对话框中设置表格边框的样式，如图 2-2-15 所示。

2. 底纹

底纹设置与边框设置类似。选中需要设置底纹的单元格，打开“表格样式”选项卡中的“底纹”下拉列表，即可设置底纹样式。

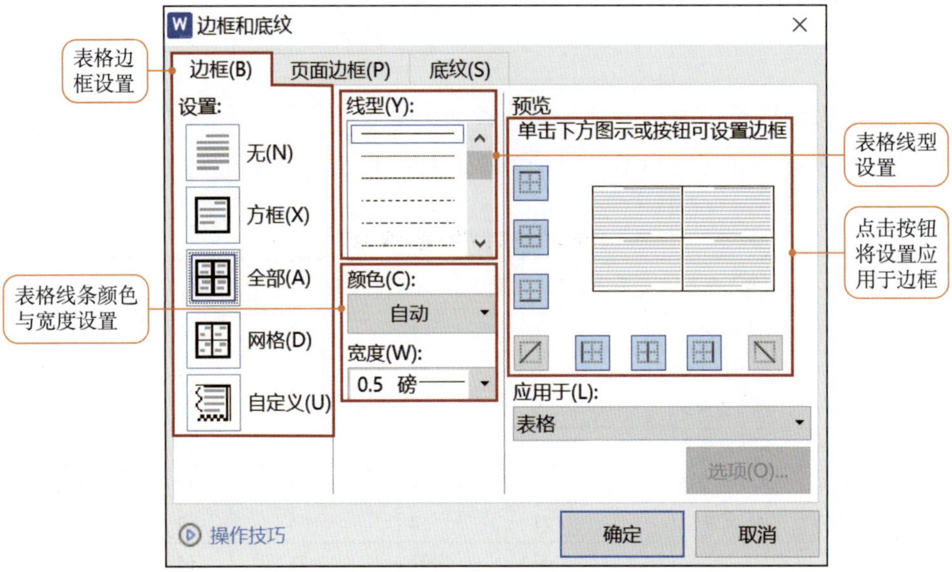

图 2-2-15 “边框和底纹”对话框

知识拓展

在插入表格的时候，有时需要将表头的单元格用斜线划分为两部分，以显示不同类型的行标题和列标题。

选中需要设置斜线表头的单元格，单击“表格样式”选项卡中的“斜线表头”，在弹出的“斜线单元格类型”对话框中选择所需的表头，如图 2-2-16 所示。

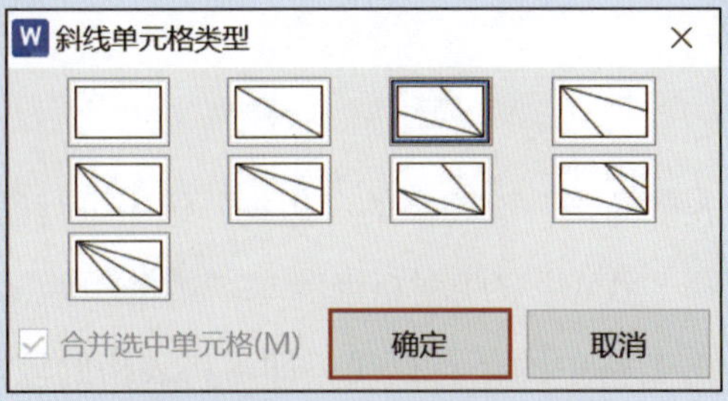

图 2-2-16 设置斜线表头

二、环绕方式和对齐方式

1. 环绕方式

在“表格属性”对话框中可以很方便地设置表格的环绕方式，分为“无”和“环绕”两种方式。“表格属性”对话框如图 2–2–17 所示。

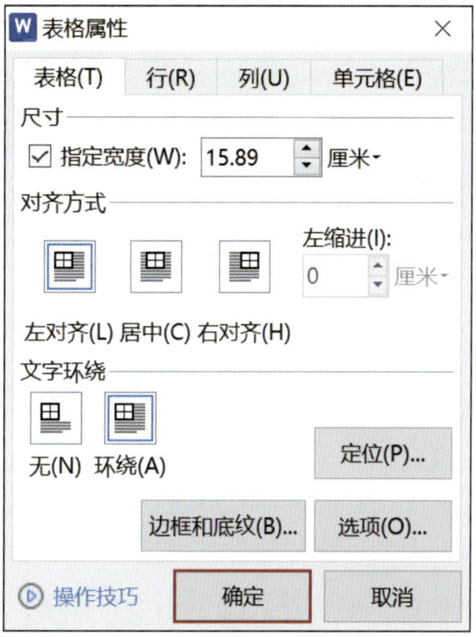

图 2–2–17　“表格属性”对话框

2. 对齐方式

表格中的对齐方式分为“单元格对齐”与“表格对齐”两种。

“单元格对齐”是指单元格中的内容在单元格中的位置。水平方向的对齐分为“左对齐”“居中”“右对齐”三种方式，可以在“开始”选项卡中的“段落”组中设置。垂直方向的对齐在“表格属性”对话框的“单元格”选项卡中设置，分为“顶端对齐”“居中”和“底端对齐”三种方式，也可以在“表格工具”选项卡中单击相应命令进行设置。

“表格对齐”是指表格在文档中的对齐方式，分为“左对齐”“居中”和“右对齐”三种方式，可在“表格属性”中进行设置。

三、表格的排序

对表格中的数据进行排序可以更清楚地了解数据之间的关系，方法是单击“表格工具”选项卡中的“排序”按钮，在弹出的“排序”对话框中进行设置，如图 2–2–18 所示。

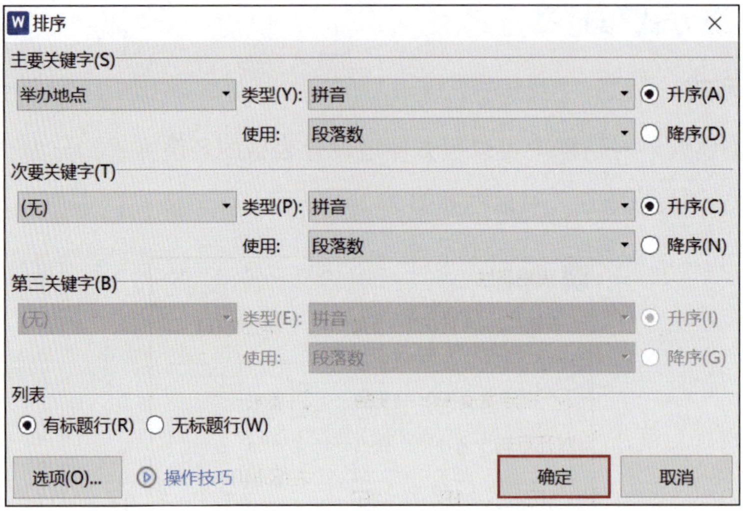

图 2-2-18 “排序”对话框

表格的排序分为“升序”和“降序”2 种，排序类型有“笔划”“数字”“日期”和“拼音”4 种。

如果需要按多个关键字排序，需要先分清排序的主次，按“主要关键字”与“次要关键字”进行排序。列表中如果有标题行，可选择“有标题行”按钮，则标题行不参与排序。列表中如果有数据（如汇总数据）不参与排序，则需要选中排序的数据，再进行排序。

任务分析

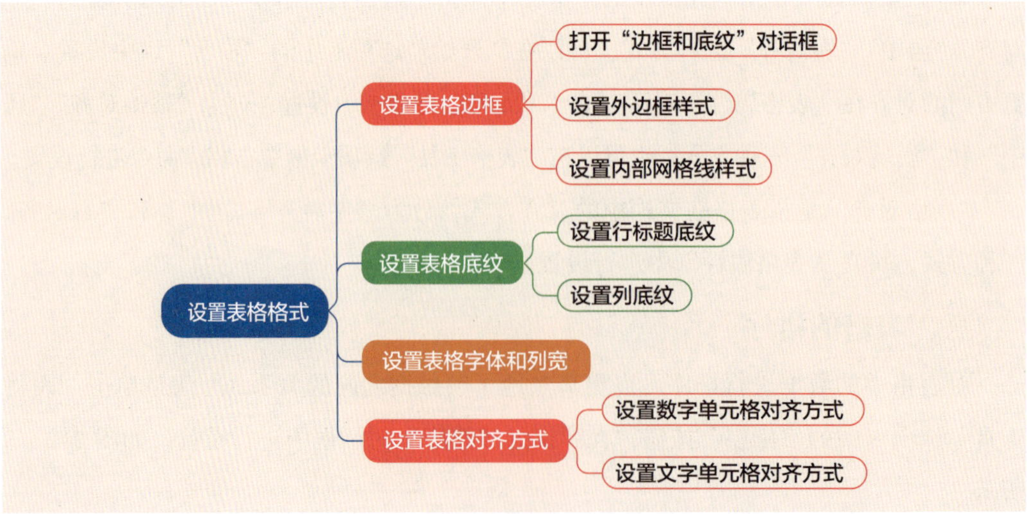

任务实践

下面我们就跟林小信一起，对表格进行格式设置。

1. 设置表格边框

（1）打开“边框和底纹”对话框。选中表格右击，单击“表格属性”，打开“表格属性”对话框，单击“表格”选项卡中的“边框和底纹”按钮，打开“边框和底纹”对话框。

（2）设置外边框样式。操作步骤如图 2-2-19 所示。

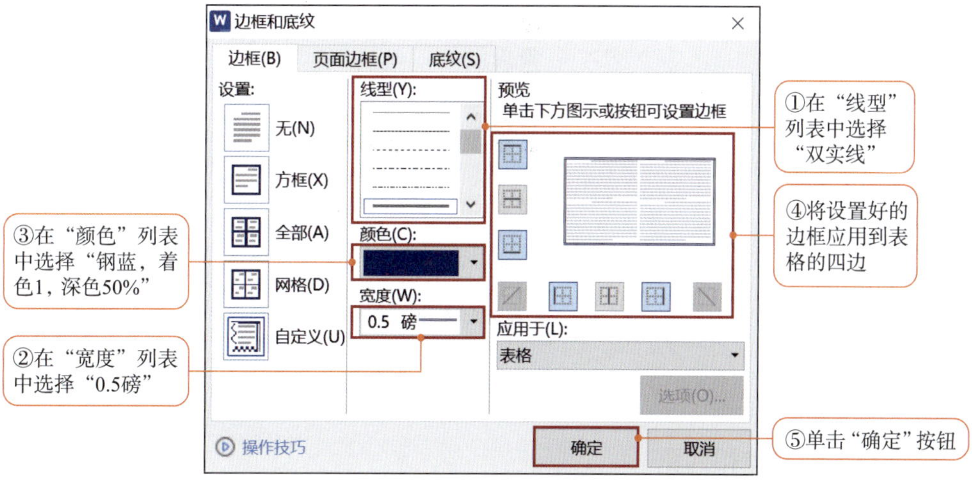

图 2-2-19　表格边框设置

（3）设置内部网格线样式。在“边框与底纹”对话框的“线型”和“宽度”列表中分别选择“虚线”和“1 磅”，在颜色列表中选择“钢蓝，着色 1，深色 25%”，然后在预览窗格中单击内部横线和内部竖线，将以上设置应用到表格内部的边框，单击“确定”按钮，设置后效果如图 2-2-20 所示。

我国参加历届世界技能大赛成绩

届次	举办地点	金牌项目数	银牌项目数	铜牌项目数	优胜奖数	获奖总数
第 41 届	英国伦敦	0	1	0	5	6
第 42 届	德国莱比锡	0	1	3	13	17
第 43 届	巴西圣保罗	5	6	3	12	26
第 44 届	阿联酋阿布扎比	15	7	8	12	42
第 45 届	俄罗斯喀山	16	14	5	17	52
特别赛	15 个国家	21	3	4	5	33
合计		57	32	23	64	176

图 2-2-20　设置表格内外边框效果

2. 设置表格底纹

（1）设置行标题底纹。选中表格第一行，单击“表格样式”选项卡“底纹”下拉列表，选择“橙色，着色 4，浅色 60%”，设置表格第一行的底纹，如图 2-2-21 所示。

（2）设置列底纹。选中行“届次”和“举办地点”两列，单击“表格样式”选项卡“底纹”下拉列表，选择“钢蓝，着色 1，浅色 80%”，设置列底纹。

图 2-2-21　设置第一行底纹

3. 设置表格字体和列宽

选中表格，在“开始”选项卡“字体”组将表格内的字体设置为“楷体”，大小设置为“五号”，并将鼠标放在列的边线上，待光标变成双线时适当地调整表格的列宽。

4. 设置表格对齐方式

（1）设置数字单元格对齐方式。选中表格中所有的数字单元格，单击“表格工具”选项卡中的“右对齐”，将表格中的数字设置为“右对齐”，如图 2-2-22 所示。

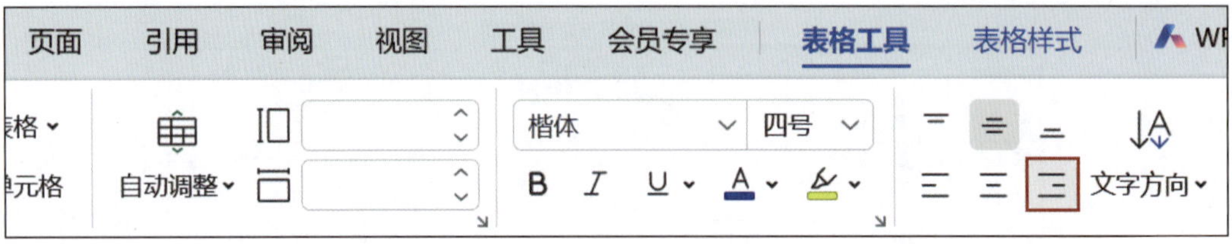

图 2-2-22　设置数字单元格对齐方式

（2）设置文字单元格对齐方式。选中表格中除数字以外的内容，单击“表格工具”选项卡中的“水平居中”，将表格中的文字内容设置为“水平居中对齐”。

巩固提高

在编辑表格时，有时表格的数据比较多，需要跨页显示。一般情况下，跨页的表格标题不会自动出现。如果要使跨页的表格也显示标题，应该如何设置呢？

拓展与探究

表格中数据的计算

表格中经常会有数据出现，有数据就会有计算的需求。常用文档编辑软件中的表格一般都提供了简单的数据计算功能，可以对数据进行基本的求和、求平均数、计数、求最大值与最小值等简单计算。文档中表格数据的计算是通过函数来实现的，表 2-2-2 列出了文档表格中常用的函数及其功能。

表 2-2-2　文档表格中常用的函数及其功能

函数名	功能
SUM()	计算括号中指定项目的总和
AVERAGE()	计算括号中指定项目的平均值
COUNT()	计算括号中指定项目的个数
MAX()	计算括号中指定项目的最大值
MIN()	计算括号中指定项目的最小值
ABS()	计算括号中数值的绝对值

在函数的括号中可以用参数来指定计算的项目，我们常用位置参数来进行计算。常用的位置参数有 LEFT、RIGHT、ABOVE、BELOW 等，表 2-2-3 列出了位置参数的含义。

表 2-2-3　位置参数的含义

位置参数	含义
LEFT	选定单元格左侧所有的数据
RIGHT	选定单元格右侧所有的数据
ABOVE	选定单元格上方所有的数据
BELOW	选定单元格下方所有的数据

以林小信制作的我国参加历届世界技能大赛成绩表格为例，每一届的奖牌总和以及近 6 届的奖牌合计都可以利用表格的计算功能快速地计算出来。

例如，要计算第 41 届世界技能大赛我国获得奖牌的合计数，先将鼠标放置在第二行的最后一个单元格中，然后单击“表格工具”选项卡中的“fx 公式”命令，在弹出来的“公式”对话框中输入“=SUM(LEFT)”，即将合计单元格左侧所有的数据全部进行合计，计算的结果填入合计单元格，如图 2-2-23 所示。

图 2-2-23　公式计算

请你也试一试，应用以上方法，计算每届世界技能大赛我国的获奖总数。

2.3 文档创编

在实际应用中，根据是否包含图表元素，可将文档分为文字型文档和图文混合型文档。文字型文档一般只包含文字，常见于办公公文，如通知、报告、决定、意见等，其结构清晰，排版格式规范。图文混合型文档不仅包含文字，还包含图形、图片、艺术字、表格等多种元素，如海报、网页、画册等，其根据设计主题和内容需求，需合理布局图文表元素，以实现更好的信息传达和视觉效果。

学习目标

1. 了解图形对象的特点和属性。
2. 会插入图片、形状、SmartArt 图形、文本框、艺术字等图形对象。
3. 会进行文、图、表的混合排版和美化处理。
4. 了解图文版式设计基本规范。
5. 会使用模板生成文档。
6. 会使用邮件合并功能批量制作文档。

任务 1　图文表混排

任务描述

在校园技能节活动期间，学院举办了 6 场世界技能大赛项目说明会。作为技能节的志愿者，王小蒙负责设计其中一场项目说明会——信息与通信技术类分场的宣传海报。他制作好的海报如图 2-3-1 所示。

图 2-3-1　世界技能大赛项目说明会海报效果图

知识储备

在文档中插入合适的图片、形状、艺术字等图形对象，能增强文档的视觉效果，提高内容的可读性，强化信息的传播效果。

一、图形对象及其属性

WPS Office 文字中的图形对象包括图片、形状、SmartArt 图形、文本框、艺术字等。表格可视为一种类图形对象，它有与图形对象类似的属性和编辑方式。

选中图形对象后会出现带有控点的矩形框，并显示相应的工具选项卡，如图片工具、绘图工具、表格工具等。

图形对象具有一些通用的属性，如大小与旋转、轮廓（边框）与填充、环绕文字、位置与对齐等。

1. 大小与旋转

使用鼠标拖动图形对象的尺寸控点可粗略设置其大小。单击“图片工具”选项卡下“大小和位置”组的功能扩展按钮，在弹出的“布局”对话框的“大小”选项卡下可进行精确设置，选中“锁定纵横比”选项可保持图形对象比例不变，如图 2-3-2 所示。

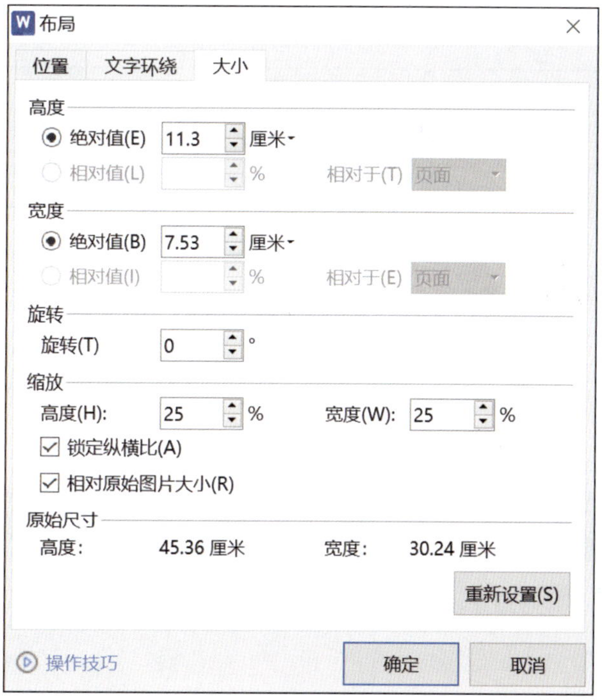

图 2-3-2　设定图形对象的大小

对于图形对象，可设置“向右旋转 90°”“向左旋转 90°”“垂直翻转”“水平翻转”等特殊旋转效果，还可以手动拖动图形对象的旋转手柄至合适角度，或在“布局”对话框中精确设置旋转角度。

2. 轮廓（边框）与填充

图形对象的轮廓（边框）是指对象外围的框线，可设置框线的颜色、粗细和线型。图形对象的填充是指设置图形对象内部空间的颜色或图案。根据图形对象的不同类型，可分别在“图片工具”“绘图工具”“文本工具”选项卡下的相应组中进行设置，如图 2-3-3 所示。

3. 环绕文字

图形对象的环绕文字是指图形对象与文字之间的位置关系，WPS Office 文字中提供了 7 种环绕文字方式，见表 2-3-1。其中，常用的四周型环绕是文本以矩形方式环绕在对象四周，紧密型环绕是文本沿着对象的外轮廓环绕在对象四周，穿越型环绕是文本可填充在对象内部的空白区域，上下型环绕是文本仅出现在对象的上方和下方，如图 2-3-4 所示。

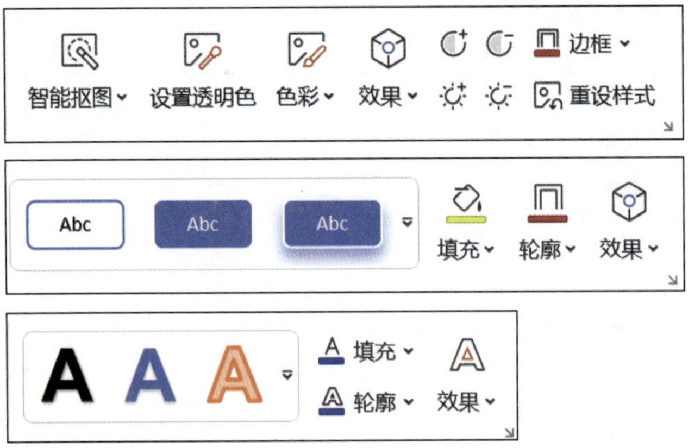

图 2-3-3　图形对象的轮廓（边框）与填充

表 2-3-1　环绕文字方式及其特点

环绕文字方式	特点
嵌入型	将图形对象作为文本放置在段落中，随着其前后文本的添加或删除而改变位置
四周型	图形对象与文本在同一图层，文本以不同的方式环绕在图形对象的四周或上下两边
紧密型	
穿越型	
上下型	
衬于文字下方	图形对象与文本不在同一图层，文字覆盖图形对象（衬于文字下方）或图形对象覆盖文字（浮于文字上方）
浮于文字上方	

实用技巧

文档中嵌入型的图片有时无法正常显示（显示不完整），其原因是图片所在段落的行距被设置为“固定值”。由于行距不足，图片无法显示完整，此时只需将行距调整为“固定值”以外的任一类型，例如“单倍行距”，图片便可正常显示。

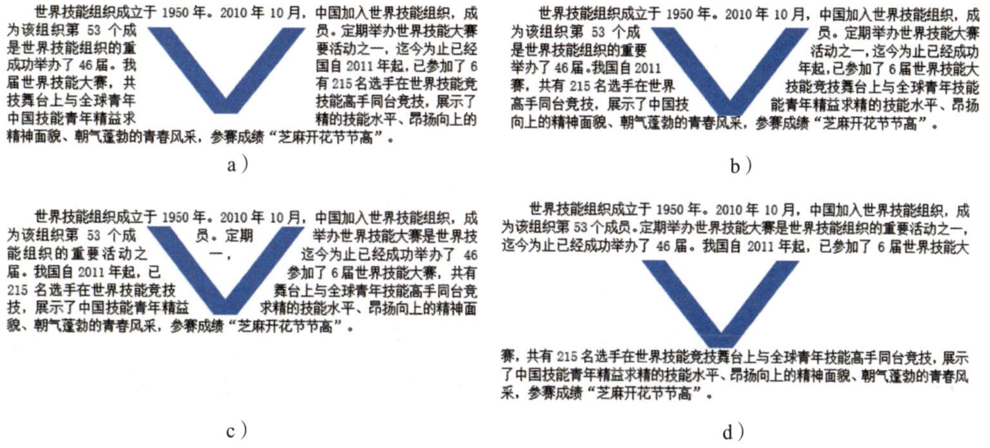

图 2-3-4　环绕文字方式示例

a）四周型　b）紧密型　c）穿越型　d）上下型

4. 位置与对齐

在 WPS Office 文字中，嵌入型图形对象相当于普通文本，图形对象的位置并不能随意放置，可通过“开始 / 段落”组中的“对齐方式”按钮设置对齐。

非嵌入型图形对象可放置在任意位置，可通过对象工具选项卡“对齐”中的对齐选项设置对齐方式，将对象与页面或其他对象对齐，如图 2-3-5 所示。

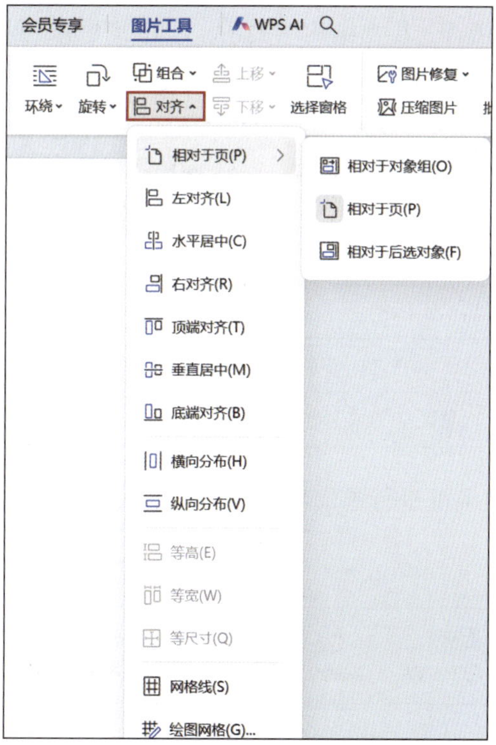

图 2-3-5　非嵌入型图形对象的对齐方式设置

二、应用图形对象

1. 应用图片

WPS Office 文字可以对文档中的图片进行简单的处理，提升文档的设计感。在“图片工具”选项卡中可以进行智能抠图、调整图片色彩、设置图片效果、裁剪图片等操作，如图 2-3-6 所示。

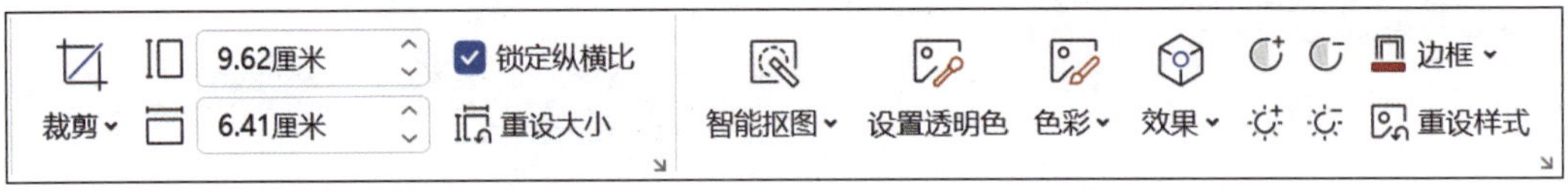

图 2-3-6 “图片工具”选项卡

2. 应用形状

在 WPS Office 文字中可以插入各种各样的形状，包括线条、矩形、基本形状、箭头总汇、公式形状、流程图、星与旗帜、标注等类别。使用“绘图工具”选项卡的“组合”命令可将多个独立形状组合成一个整体，便于操作。

3. 应用 SmartArt 图形

SmartArt 图形是一种信息的视觉表示形式，可快速有效地传达信息，效果生动，操作方便，包括列表、流程、层次结构、关系、矩阵等类别，见表 2-3-2。

表 2-3-2 SmartArt 图形类别

类别	应用场景
列表	用于无序信息的分组展示，强调重要性
流程	用于对流程或工作流程中的步骤或阶段进行图解，强调方向性
层次结构	用于显示组织的层次关系或上下级关系，强调层次性
关系	用于显示事物之间非层次性、非渐进的关系，如概念关系或联系
矩阵	用于以象限的方式显示各部分与整体或中心概念之间的关系

使用“设计”选项卡可进行添加项目、调整版式、更改颜色、应用样式等操作，如图 2-3-7 所示。

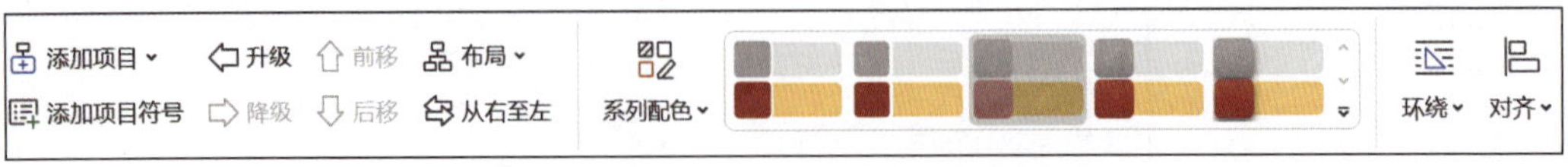

图 2-3-7 “设计”选项卡

4. 应用文本框

文本框可以突出显示其内部的文本，适合展示重要文字，如标题或引述内容，并可将文本放置在文档的任意位置。文本框相当于一个特殊的矩形，可直接添加文字，其操作类似于形状的操作。

5. 应用艺术字

艺术字是一种通过特殊效果使文字突出显示的快捷方法，用于文档标题和重点内容，可创造装饰效果，常见于公司简介、产品介绍和宣传手册等文档。在“绘图工具”选项卡“设置形状格式”组中，可以对艺术字进行文本填充和文本轮廓设置，添加阴影、倒影、发光、柔化边缘等文本效果。

知识拓展

WPS Office 文字提供了强大的公式编辑工具，满足用户在文档中插入数学公式的需求。使用“插入”选项卡中的“公式”选项，可以插入内置公式和新公式。内置公式包括一些常用数学公式，如一元二次方程求根公式、二项式定理、勾股定理等，可直接使用。选择“插入新公式”，则可以通过“公式工具”选项卡添加新公式，或更改公式中的数学符号以及分式、上下标、根式等。

任务分析

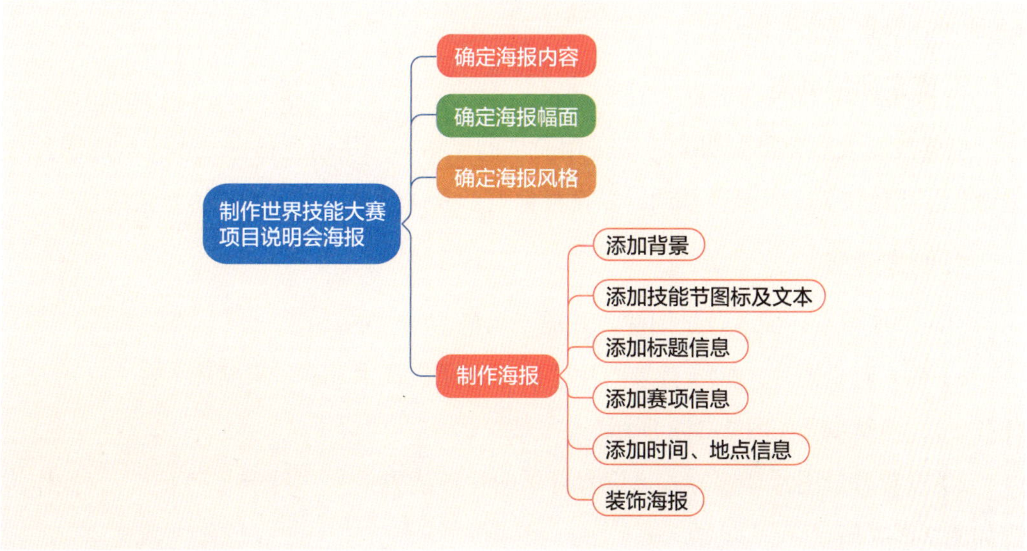

任务实践

下面我们就和王小蒙一起，使用 WPS Office 文字制作世界技能大赛项目说明会之信息与通信技术类分场的宣传海报。

1. 确定海报内容

根据任务要求，世界技能大赛项目说明会海报中应包含海报标题和活动信息（活动名称、项目信息、时间、地点等），具体如下。

标题：世界技能大赛项目说明会

副标题：信息与通信技术类分场

活动名称：第十届校园技能节系列活动

项目信息：信息网络布线、印刷媒体技术、网络安全、网络系统管理、网站设计与开发、移动应用开发、商务软件解决方案、云计算

时间：2024 年 5 月 4 日 13:00—15:00

地点：校学术报告厅

2. 确定海报幅面

世界技能大赛项目说明会海报设计为竖版，幅面大小 A4。新建一个文档，文件命名为“世界技能大赛项目说明会海报.docx”，选择“页面”选项卡，默认选择为 A4 纸张、纵向，设置页边距的“上”“下”“左”“右”分别为 2 厘米、2 厘米、1.5 厘米、1.5 厘米，设置完成后保存。

3. 确定海报风格

世界技能大赛项目说明会海报采用简洁的风格，选用蓝色信息技术主题的图片作为背景，金色作为文本颜色基调，以在视觉上形成强烈对比，清晰传达海报信息。

4. 制作海报

（1）添加背景。插入背景图片，并适当调整。

1）插入背景图片。插入背景图片“信息与通信技术.jpg”（素材库 / 第二单元 /2.3/ 任务 1），操作步骤如图 2-3-8 所示。

2）设置背景图片环绕方式。设置背景图片环绕方式为“衬于文字下方”，操作步骤如图 2-3-9 所示。

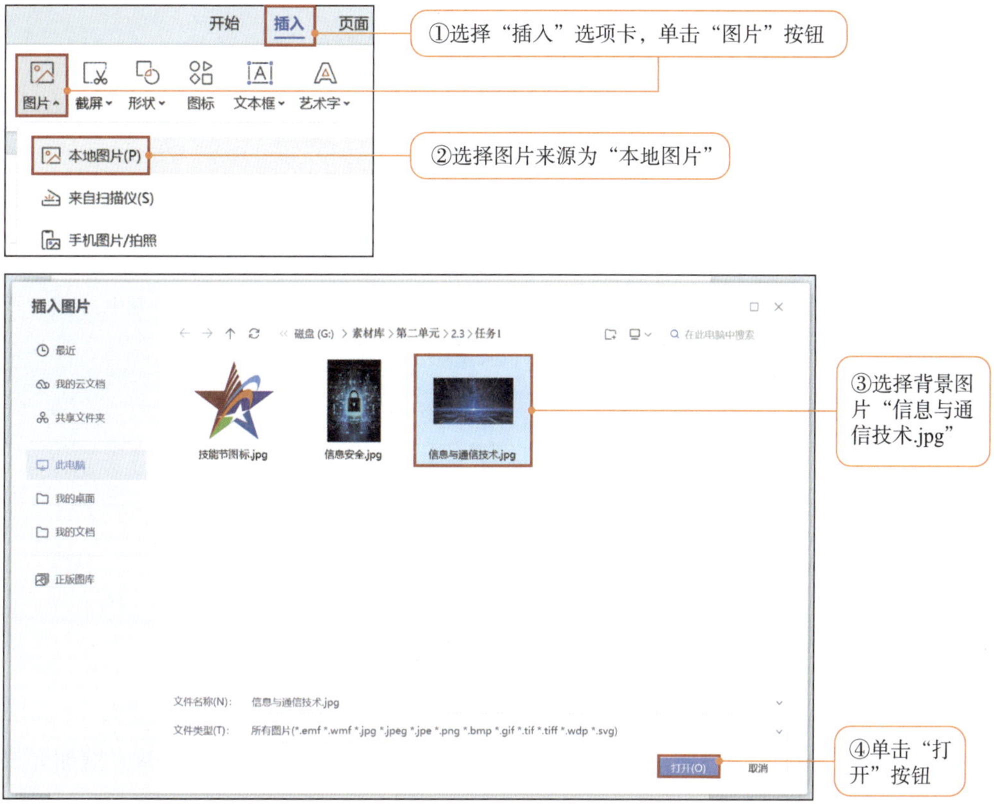

图 2-3-8　插入背景图片

图 2-3-9　设置背景图片环绕方式

3）设置背景图片大小和位置。调整图片的高度使其与页面等高，并将图片放置在页面中心，操作步骤如图 2-3-10 所示。

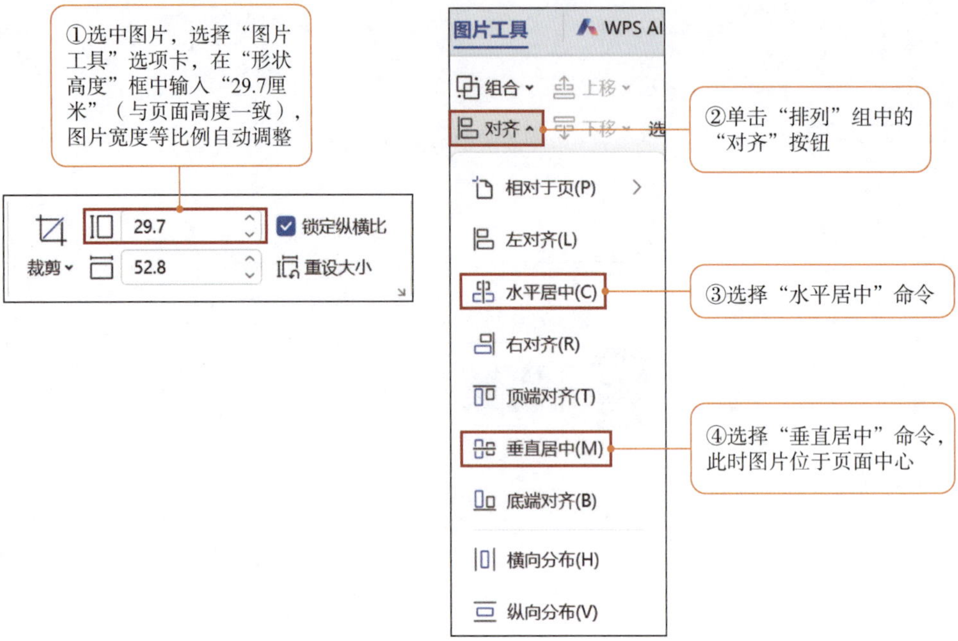

图 2-3-10　设置背景图片大小和位置

4）调整背景图片亮度。选中图片，选择“图片工具”选项卡，单击“增加亮度”按钮，适当提高图片亮度，使画面明亮一些，如图 2-3-11 所示。

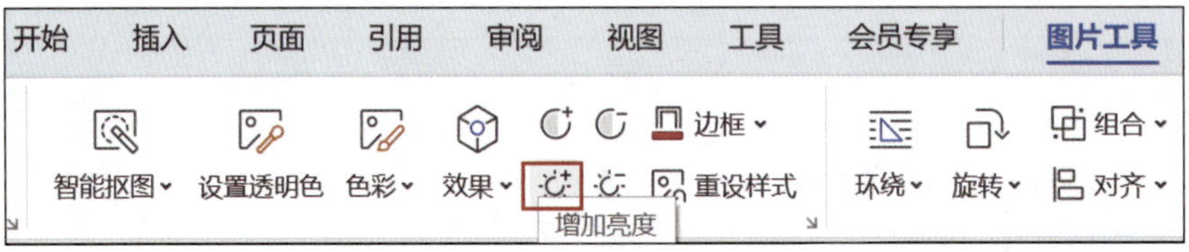

图 2-3-11　调整背景图片亮度

（2）添加技能节图标及文本。插入技能节图标，调整为合适大小，并设置为透明背景，使其更好地融入背景。输入文本，设置合适的字体和颜色，确保文本与背景之间有足够的对比度。

1）插入技能节图标。选择“插入”选项卡，单击“图片”按钮，选择“本地图片”选项，打开“插入图片”对话框，选择素材库中的图片文件“技能节图标.jpg”，单击“打开”按钮，将图标图片插入至当前光标处。

2）调整技能节图标大小。选中图标图片，选择“图片格式”选项卡，在“大小”组的“高度”框中输入“1.5 厘米”，其宽度等比例自动调整。

3）将图标设置为透明背景。操作步骤如图 2-3-12 所示。

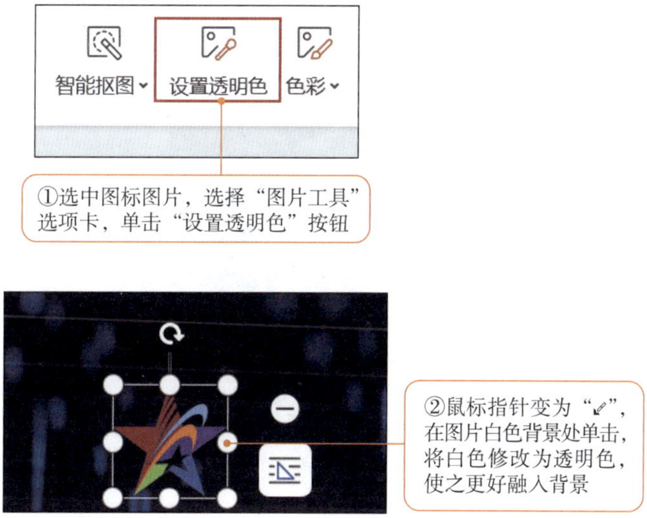

图 2-3-12　将图标设置为透明背景

4）输入文本。在图标图片后输入文本“第十届校园技能节系列活动”，设置字体为“微软雅黑”，字号为“小二号”，颜色为“橙色，着色 3，浅色 60%”。

（3）添加标题信息。制作艺术字主标题，并在主标题下方输入副标题。

1）插入艺术字。操作步骤如图 2-3-13 所示。

图 2-3-13 插入艺术字

2）设置艺术字文本效果。操作步骤如图 2-3-14 所示。

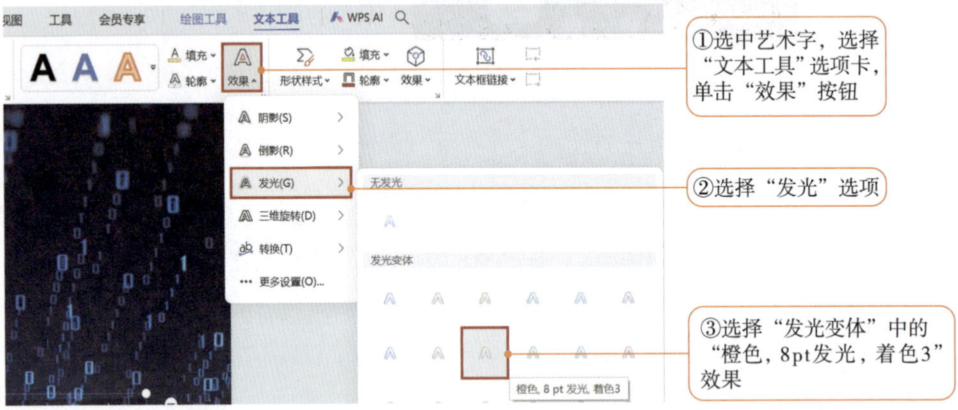

图 2-3-14 设置艺术字文本效果

3）设置艺术字环绕方式。选中艺术字，选择“形状格式”选项卡，单击“排列”组中的“环绕文字”按钮，选择“上下型环绕”选项。

4）设置艺术字位置。使用鼠标拖动艺术字，放置在垂直方向合适的位置，选择“形状格式”选项卡，单击“排列”组中的“对齐”按钮，选择“水平居中”命令，将艺术字调整至水平方向中心位置。

5）输入副标题。在艺术字下方输入文本“（信息与通信技术类分场）”，设置字体为“微软雅黑”，字号为“小一号”，颜色为“橙色，着色 3，浅色 80%”，对齐方式为“居中”。

（4）添加赛项信息。在标题下方插入 3 行 3 列的表格，输入赛项信息，添加项目符号进行修饰，最后去除表格边框，将表格放置在合适位置。

1）插入表格，输入赛项信息，修饰文本。将插入点放置在海报副标题下方，选择“插入”选项卡，单击“表格”组中的“表格”按钮，在表格示例框中选择 3 行 3 列，在文档中插入表格。输入赛项信息，设置字体为“微软雅黑”，字号为“四号”，颜色为“橙色，着色 3，浅色 80%”。选中所有单元格，添加菱形项目符号，选择空白单元格，取消项目符号，完成效果如图 2–3–15 所示。

图 2-3-15　赛项信息表格初步效果

2）美化表格。依次调整各列列宽，分别为 6 厘米、5.6 厘米和 4.2 厘米。选中表格，设置表格边框为“无框线”，去除表格边框。单击“开始”选项卡“段落”组中的“居中”按钮，将表格设置为水平居中。最终完成效果如图 2–3–16 所示。

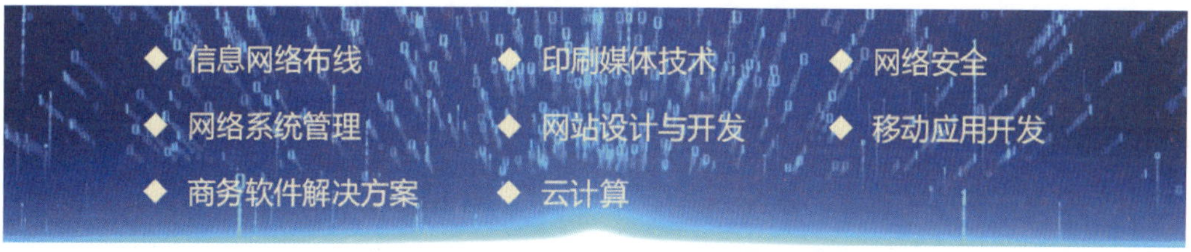

图 2-3-16　赛项信息表格最终效果

（5）添加时间、地点信息。操作步骤如图 2–3–17 所示。

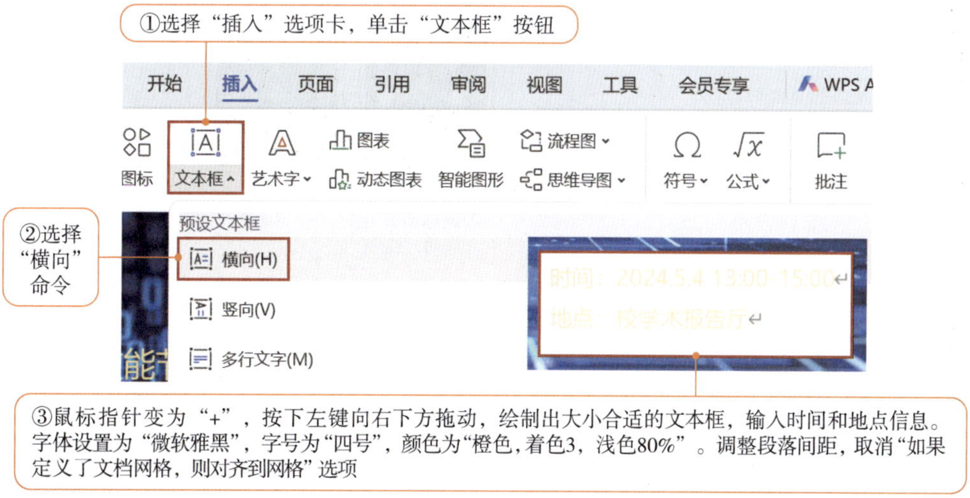

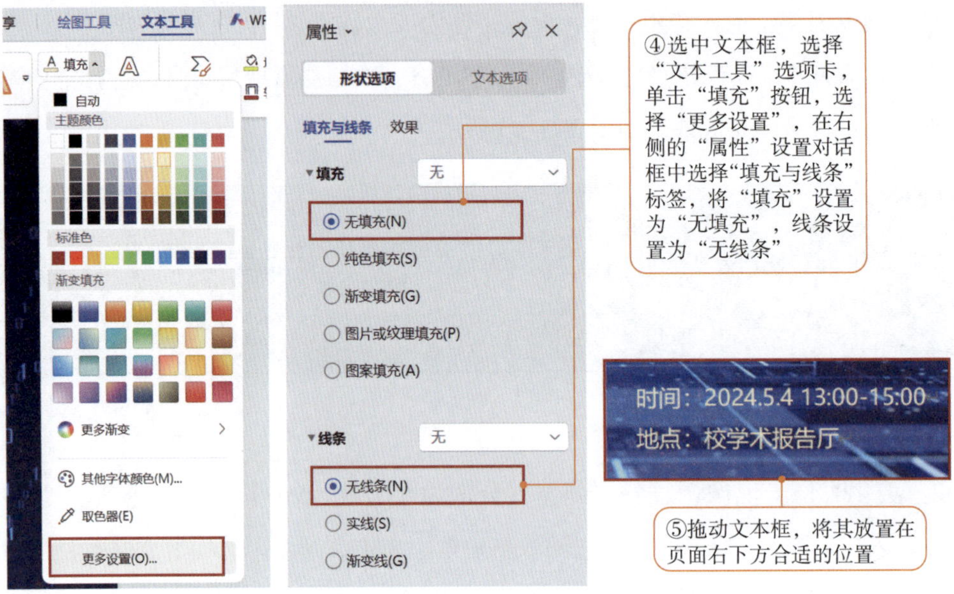

图 2-3-17　添加时间、地点信息文本框

（6）装饰海报。绘制两个“星形：四角”形状，组合为一个星光，复制得到多个星光，调整大小，放置在合适位置，用于装饰海报。

1）绘制一个四角星形。操作步骤如图 2-3-18 所示。

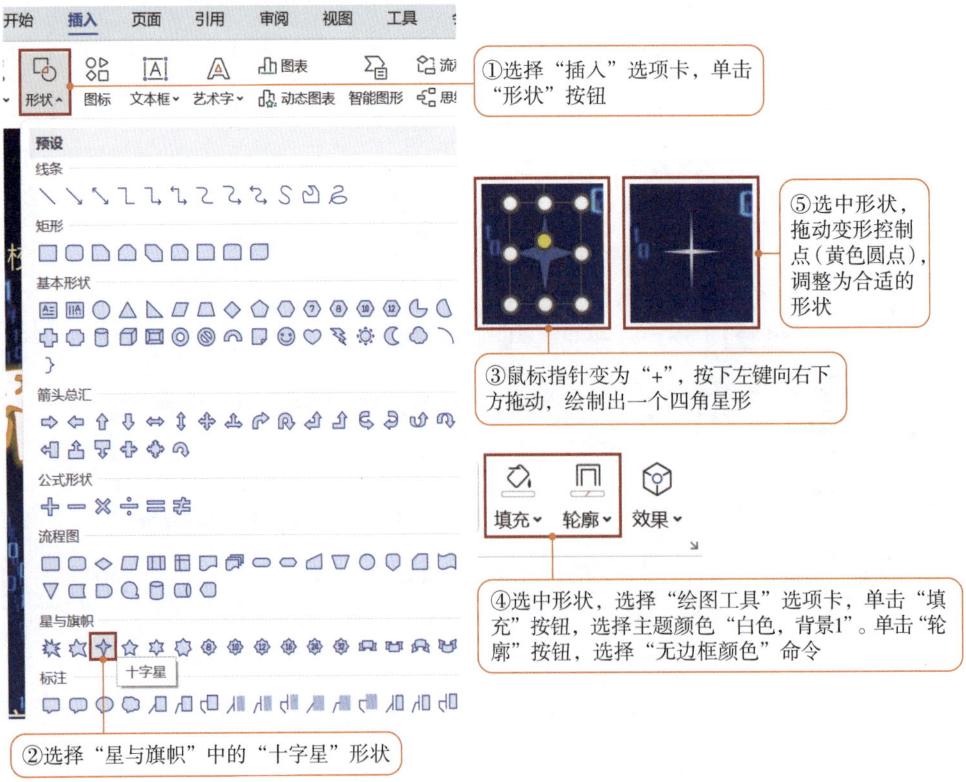

图 2-3-18　绘制一个四角星形

2）将两个四角星形组合为星光。先复制一个同样的四角星形，鼠标拖动旋转控制点，调整至合适角度。接着按住“Shift”键，选中两个四角星形，单击“绘图工具”选项卡的“对齐”按钮，选择“相对于对象组”选项，依次选择“水平居中”“垂直居中”命令，重叠两个四角星形，如图 2-3-19 所示。然后选择“组合”按钮下的“组合”命令，得到一个星光，如图 2-3-20 所示。组合后的形状成为一个整体，可以一起移动、改变大小、旋转。

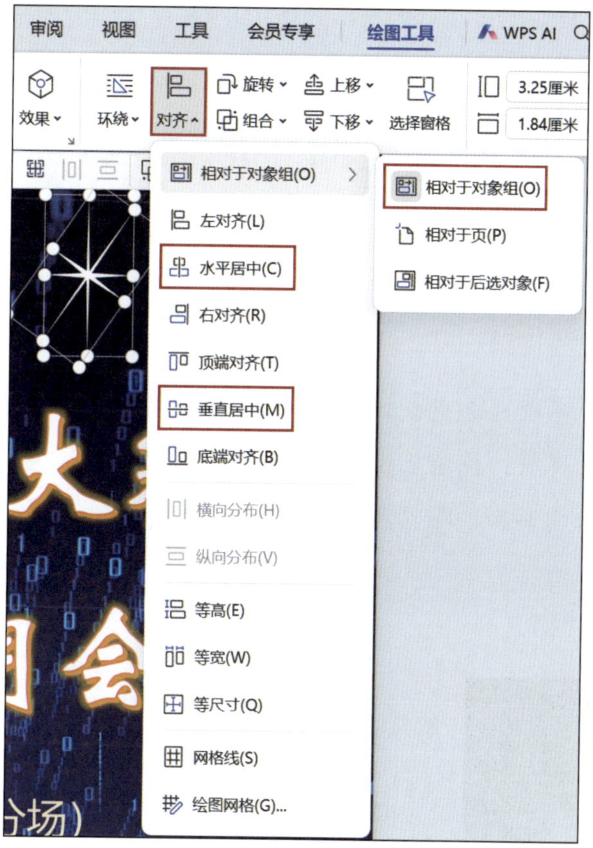

图 2-3-19　将两个四角星形组合为星光

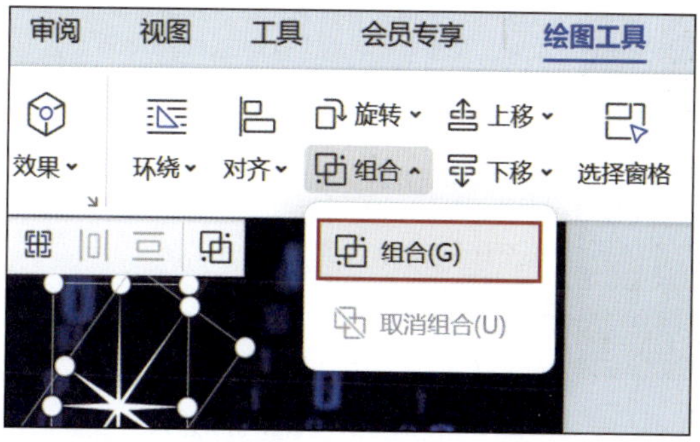

图 2-3-20　设置“组合”

3）复制多个星光。复制得到多个星光，依次调整星光的大小，并放置在合适的位置。

巩固提高

请在世界技能大赛项目说明会海报的基础上进行改进，调整时间、地点信息的位置，使用 SmartArt 图形展示赛项信息，体会 SmartArt 图形的便利性和多样性。

任务 2 简单版式设计

任务描述

世界技能大赛项目说明会激发了同学们的技能成才梦。为了帮助同学们选择适合自己的赛项，技能节组委会特别推出世界技能大赛赛项宣传册，详细介绍每个赛项的赛制、赛项内容以及技术要求。王小蒙负责其中信息与通信技术类——网络安全赛项页面的设计工作，他所设计的网络安全赛项宣传页如图 2-3-21 所示。

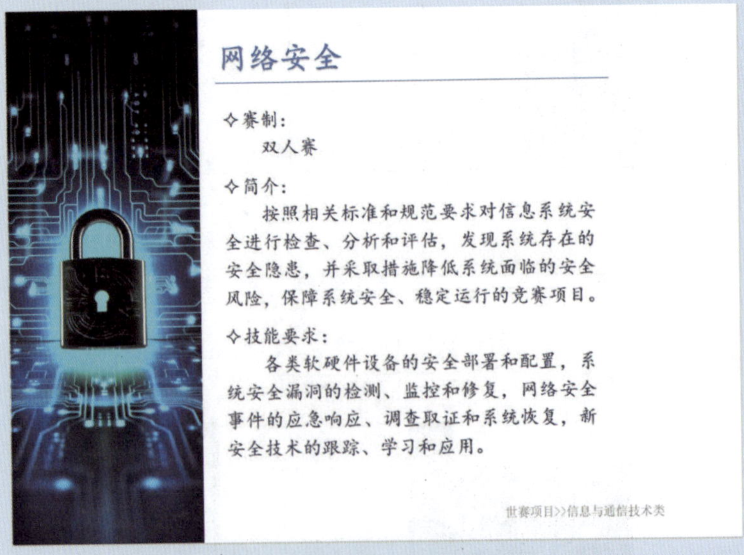

图 2-3-21 网络安全赛项宣传页效果图

知识储备

版式，也称为版面格式，是指印刷品或出版物的格式和排版方式，包括版面的大小、布局、字体、字号以及版面装饰。好的版式设计可以吸引读者的注意力，从而有效传达信息。

一、公文版式

公文，即公务文书，主要用于传达政策政令，具有法定效力和规范格式。制发公文必须统一格式，一般要求如下。

纸张大小：A4。

页边距：上 3.7 厘米，下 3.5 厘米，左 2.8 厘米，右 2.6 厘米。

行数和字数：每页 22 行，每行 28 个字。

字体字号：如无特殊说明，正文一般用 3 号仿宋体字。特定情况可以作适当调整。

文字颜色：如无特殊说明，文字颜色均为黑色。

二、版式设计

版式设计，也称版面设计或布局设计，是指在一个页面上组织和安排文本、图片，以及其他元素的过程。作为一种视觉传达方式，合理的版式设计可以使作品的内容更加清晰、易于理解，提高信息的传递效率，增强作品的表现力和视觉吸引力。其主要的设计原则包括突出主题、简洁明了、图文并茂、色彩搭配合理等。

在网页设计、平面设计、印刷品设计、海报设计、包装设计以及品牌形象设计等多个领域，版式设计均有着广泛的应用。

版式的类型包括骨骼型、满版型、上下分割型、左右分割型、中轴型、曲线型、倾斜型、对称型、重心型、三角型、并置型、自由型和四角型等，其中以骨骼型、满版型、上下分割型、左右分割型较为常见。

1. 骨骼型

常见的骨骼型有横向或竖向通栏、双栏、三栏、四栏，常用于报纸杂志中，能在有限的版面中容纳大量信息，充分节约空间，如图 2-3-22 所示。

2. 满版型

满版型是将图片铺满整个版面，能突出图片传达的信息，视觉感受直观强烈，给人大气、开阔的感觉，常用于商品广告、海报中，如图 2-3-23 所示。

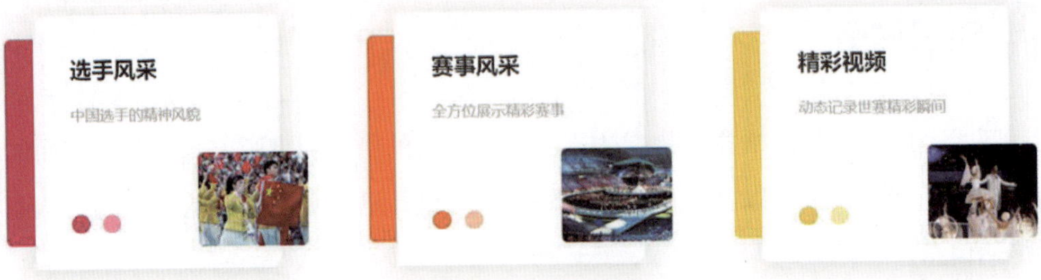

图 2-3-22 骨骼型版式示例

图 2-3-23 满版型版式示例

3. 上下分割型

上下分割型是将整个版面分为上下两部分，在上半部或下半部配置图片（可以是单幅或多幅），另一部分配置文字，两部分形成对比，总体感觉视觉平衡、层次丰富、条理性强，如图 2–3–24 所示。

4. 左右分割型

左右分割型是将整个版面分为左右两部分，分别放置图片或文字内容，与上下分割型类似。

三、模板

模板是指文档编辑软件中内置的包含固定格式设置和版式设置的模板文件，借助模板可快速生成特定类型的文档。

以 WPS Office 文字为例，新建文档时除了可以使用通用的空白文档模板，在稻壳儿模板库中还提供简历、学习计划表等多种模板，方便用户创建专业文档。如图 2–3–25 所示，展示了“面试应聘”分类下的部分模板。

图 2-3-24　上下分割型版式示例

图 2-3-25　“面试应聘”分类下的部分模板

知识拓展

WPS Office 文字中内置有封面库，提供了各种版式的精美封面，合理使用可以使文档看起来更加专业、正式，常用于商业计划书中。

使用“插入”选项卡“页面”组中的“封面”命令即可在文档中插入指定版式的封面，然后将示例文本替换为自己的文本，轻松完成封面的制作。

通过“设计”选项卡中“主题”“颜色”“字体”命令可快速调整封面的风格。

任务分析

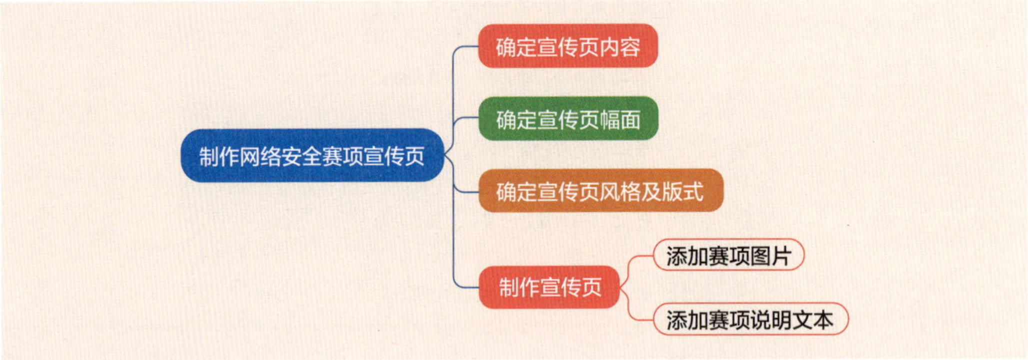

任务实践

下面我们就跟王小蒙一起，使用 WPS Office 文字制作网络安全赛项宣传页。

1. 确定宣传页内容

根据任务要求，网络安全赛项宣传页中应包含赛项名称、赛制、简介、技能要求，搜索相关内容并保存为文件“网络安全赛项.txt”（也可参考“素材库 / 第二单元 /2.3/ 任务 2/ 网络安全赛项.txt”）。

2. 确定宣传页幅面

网络安全赛项宣传页采用横版，幅面大小为 A4。新建一个空白文档，文件命名为“网络安全赛项宣传页.docx”，选择“页面”选项卡，默认选择为 A4 纸张，纸张方向设为“横向”，页边距保留默认值不变，保存文档。

3. 确定宣传页风格及版式

网络安全赛项宣传页采用简约的风格，选用左右分割型版式，左侧放置与安全主题相关的图片，右侧放置文本，以增强视觉平衡感，提高视觉的舒适度和易读性。

4. 制作宣传页

（1）添加赛项图片。插入赛项图片，设置环绕方式为“衬于文字下方”，调整图片大小，裁去多余部分，调整图片的位置，将图片放置在页面左侧，并适当调整图片的亮度和对比度。

1）插入赛项图片。选择“插入”选项卡，单击“常用对象”组中的“图片”按钮，选择“本地图片”选项，弹出“插入图片”对话框，选择图片文件“信息安全.jpg”，单击“插入”按钮，将图片插入至当前文档中。

2）设置赛项图片环绕方式。选中图片，选择“图片工具”选项卡，单击“排列”组中的“环绕”按钮，选择“衬于文字下方”选项。

3）调整赛项图片大小。选中图片，选择“图片工具”选项卡，在“大小”组的“高度”框中输入“21 厘米”（与页面高度一致），其宽度等比例自动调整。

4）裁剪赛项图片。操作步骤如图 2-3-26 所示。

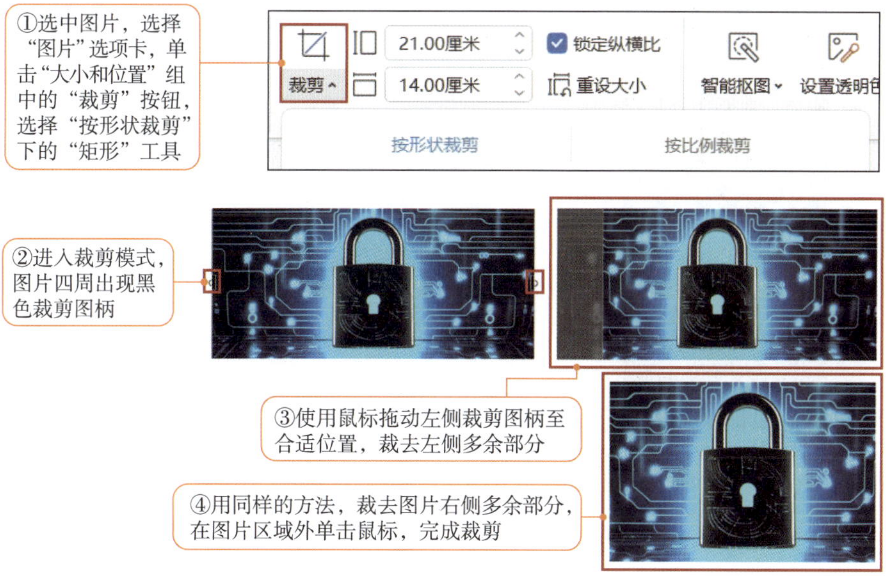

图 2-3-26　裁剪赛项图片

5）调整赛项图片位置。选中图片，选择“图片格式”选项卡，单击“排列”组中的“对齐”按钮，选择“对齐页面”选项，将参考线设置为页面边缘，再次单击“对齐”按钮，依次选择“左对齐”“顶端对齐”命令，将图片放置在页面左侧。

6）调整赛项图片亮度和对比度。选中图片，选择“图片格式”选项卡，单击“调整”组中的“校正”按钮，选择“亮度 / 对比度”组中的“亮度：+40% 对比度：–20%”。

（2）添加赛项说明文本。分别插入赛项名称艺术字、水平分隔线、赛项信息文本框以及说明信息文本框。

1）插入赛项名称艺术字。选择“插入”选项卡，单击“常用对象”组中的“艺术字”按钮，在艺术字样式库中选择“填充：钢蓝，着色 1；阴影”样式，插入艺术字，文本修改为“网络安全”，设置字体为“楷体”，字号为“小初”，将艺术字放置在图片右侧合适位置。

2）插入水平分隔线。选择“插入”选项卡，单击“常用对象”组中的“形状”按钮，选择“线条”组中的“直线”形状，按住“Shift”键绘制一条长度合适的水平线，选中形状，单击“绘图工具”选项卡“设置形状格式”组中的“轮廓”下拉列表中的“更多设置”，设置“宽度”为 1 磅，将线条放置在艺术字下方。效果如图 2–3–27 所示。

图 2-3-27　赛项名称艺术字和水平分隔线效果

3）插入赛项信息文本框。选择“插入”选项卡，单击“常用对象”组中的“文本框”按钮，选择“横向”命令，绘制大小合适的文本框。将素材文件“网络安全赛项.txt”中的文字复制到文本框中，设置字体为“楷体”，字号为“二号”，颜色为标准色“深蓝”。

在小标题前添加项目符号“⟡”，设置段前间距为“12 磅”，详细信息所在段设置首行缩进 2 字符。选中文本框，单击“形状轮廓”按钮，将“文本轮廓”设置为“无”，调整文本框至合适位置。效果如图 2–3–28 所示。

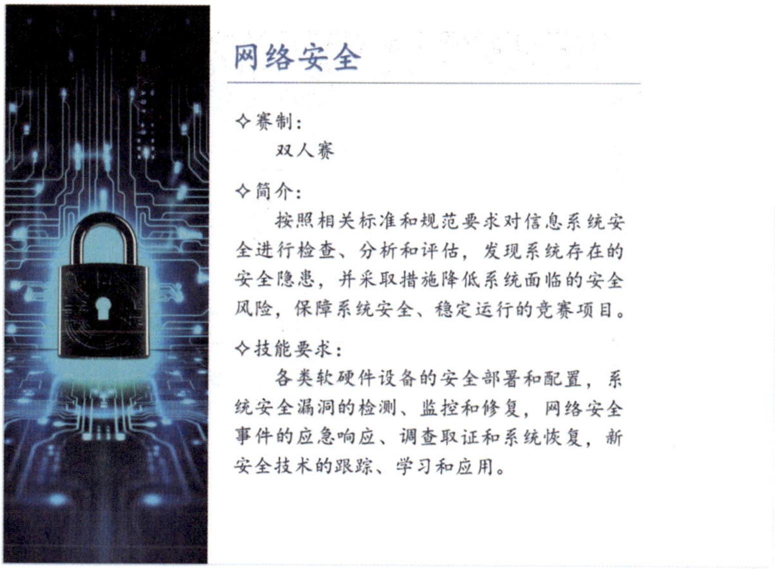
网络安全

✧赛制：

双人赛

✧简介：

按照相关标准和规范要求对信息系统安全进行检查、分析和评估，发现系统存在的安全隐患，并采取措施降低系统面临的安全风险，保障系统安全、稳定运行的竞赛项目。

✧技能要求：

各类软硬件设备的安全部署和配置，系统安全漏洞的检测、监控和修复，网络安全事件的应急响应、调查取证和系统恢复，新安全技术的跟踪、学习和应用。

图 2-3-28　赛项信息文本框效果

4）插入说明信息文本框。绘制一个横排文本框，输入文字“世赛项目 >> 信息与通信技术类”，字体设置为“宋体”，字号为“四号”，颜色为“黑色，文本 1，浅色 50%”，将“文本轮廓”设置为“无”，并将文本框置于页面的右下角，如图 2-3-29 所示。

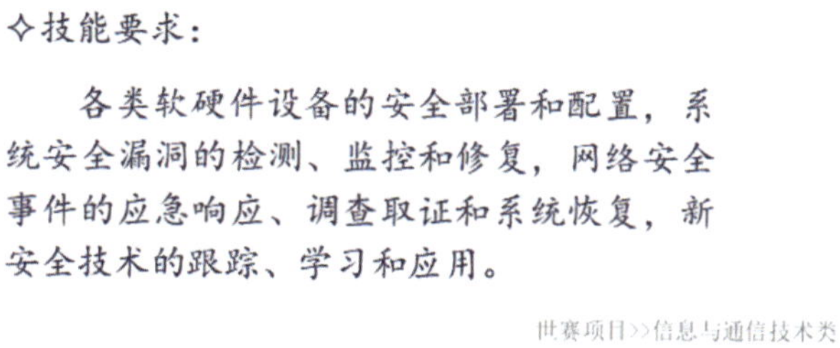
✧技能要求：

各类软硬件设备的安全部署和配置，系统安全漏洞的检测、监控和修复，网络安全事件的应急响应、调查取证和系统恢复，新安全技术的跟踪、学习和应用。

世赛项目>>信息与通信技术类

图 2-3-29　说明信息文本框效果

巩固提高

请使用文档模板快速制作网络安全赛项宣传页，体会模板的专业性和便利性。

提示：搜索宣传员模板，创建文档，删除模板中多余的模块单元。背景图片由两张赛项图片拼接而成，且置于底层，赛项信息放置在文本框中。制作好的效果如图 2-3-30 所示。

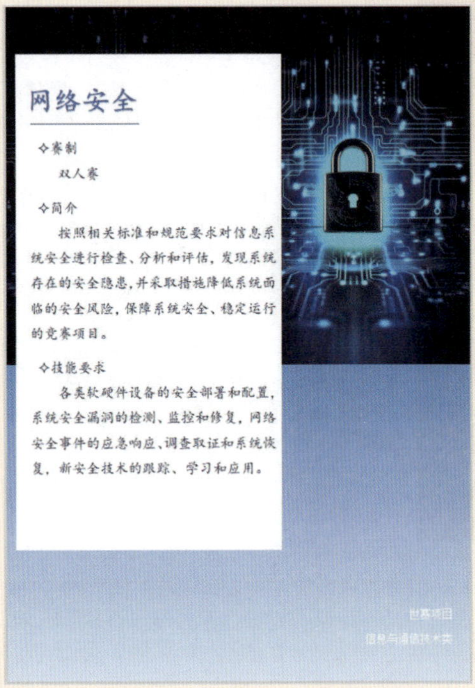

图 2-3-30　网络安全赛项宣传页效果图（应用模板）

拓展与探究

使用邮件合并批量生成文档

1. 什么是邮件合并

日常办公中经常需要制作模板化文档，例如邀请函、获奖证书、毕业证、工作证、准考证、成绩单等。这类文档具有两个明显特征，一是文档基于模板，只需在模板中填入个性化的内容；二是往往打印数量较多，少则几十份，多则上百份。若手工逐份制作，不仅工作量大，而且容易出现重复或遗漏等错误。WPS Office 文字提供的邮件合并功能可完美解决模板化文档的制作问题，它是一种批量处理技术，可以通过在文档模板中插入数据源，批量生成多个文档。

2. 邮件合并操作涉及的文档

邮件合并操作涉及主文档、数据源、合并文档三个文档。邮件合并就是将主文档和数据源结合起来，生成合并文档。

（1）主文档。主文档是包含特殊标记的文档，是创建输出文档的“蓝图”，包含了所有输出文档中相同的内容，例如邀请函中的主体内容、落款、日期等。在主文档中需要插入特殊标记（称为合并域），用于标记插入数据项的位置，例如邀请函中的姓名、称谓等。

（2）数据源。数据源是一个数据列表，为合并文档提供数据来源。邮件合并支持多种类型的数据源，如 Word 表格、Excel 工作表、Outlook 联系人列表、Access 数据库。在实际工作中，Excel 工作表数据源最为常见。

（3）合并文档。邮件合并后的结果存放在一个独立的文档中，即合并文档。合并文档中相同内容的部分来自主文档，个性化内容的部分来自数据源。

3. 邮件合并的操作步骤

邮件合并的操作步骤主要包括准备主文档、准备数据源、设置主文档、设置数据源、插入合并域、预览合并结果、完成合并等。下面以批量制作技能节荣誉证书为例，介绍具体的操作过程。

（1）准备主文档。参见“素材库 / 第二单元 /2.3/ 拓展与探究 / 荣誉证书.docx”，如图 2-3-31 所示。

图 2-3-31　主文档“荣誉证书”

（2）准备数据源。参见“素材库 / 第二单元 /2.3/ 拓展与探究 / 获奖名单.docx”，如图 2-3-32 所示。

（3）设置主文档。打开素材文件“荣誉证书.docx”，选择“引用”选项卡，单击“邮件合并”组中的“邮件合并”按钮。

（4）设置数据源。单击“邮件合并”选项卡，打开“选取数据源”对话框，选择

序号	姓名	组别	项目	名次
1	于双文	中技	网络系统管理	第一名
2	彭梦华	中技	网络系统管理	第二名
3	刘飞柏	中技	网络系统管理	第三名
4	赵欣颖	高技	原型制作	第一名
5	杜明杰	高技	原型制作	第二名
6	侯高飞	高技	原型制作	第三名
7	王爱乐	中技	平面设计技术	第一名
8	陈建豪	中技	平面设计技术	第二名
9	许允礼	中技	平面设计技术	第三名

图 2-3-32　数据源“获奖名单”

素材文件“获奖名单.docx”。

（5）插入合并域。将插入点放置在“同学”之前，单击“邮件合并”选项卡中的“编写和插入域”组中的“插入合并域”按钮，下拉菜单中列出的合并域为数据源“获奖名单”表格的列标题，选择“姓名”域，主文档中显示“<< 姓名 >>”。用同样的方法，在合适的位置依次插入“组别”“项目”“名次”域。可对合并域进行格式设置，如字体、字号、颜色等，如图 2-3-33 所示。

（6）预览合并结果。单击“预览结果”组的“查看合并数据”按钮，可预览合并的结果，如图 2-3-34 所示。单击“预览结果”组中的“上一条”“下一条”按钮，可预览其他记录。再次单击“预览结果”按钮则取消预览，显示合并域名称。

（7）完成合并。单击“完成”组中的“合并到新文档”按钮，默认为“全部”记录，单击“确定”按钮，即自动生成一个新文档，包含了 9 份荣誉证书（数据源“获奖名单.docx”表格中为 9 条记录）。至此，完成荣誉证书的批量制作。

荣誉证书

«姓名»同学：

在第十届校园技能节系列活动之技能竞赛中，荣获«组别»组«项目»项目«名次»。

特发此证，以资鼓励！

光明技师学院

2024 年 5 月 31 日

图 2-3-33　插入合并域

荣誉证书

于双文同学：

在第十届校园技能节系列活动之技能竞赛中，荣获中技组网络系统管理项目第一名。

特发此证，以资鼓励！

光明技师学院

2024 年 5 月 31 日

图 2-3-34　预览合并结果

请你尝试使用上述方法，使用素材库中的主文档和数据源，批量制作荣誉证书。

第三单元

编程的魅力
——程序设计入门

目前各行各业普遍使用计算机作为工具，除了能直接观察到的，在很多情境下计算机是隐藏在后台通过网络提供服务的。例如，使用手机进行网上购物时，尽管我们直接接触的是手机App（应用程序），但其背后有大量的计算机及程序软件在提供服务。

要让计算机能按照人的意志进行工作，离不开计算机程序。计算机的所有操作是严格按照程序一步一步来执行的。要让计算机为我所用，必须掌握编程技巧。

编程是数字化时代劳动者应具备的重要数字技能。掌握编程能提高人的核心竞争力，学习编程也是培养逻辑思维能力的好方法。在专业领域，编程被称为程序设计。本单元我们将走进程序设计这座神秘的殿堂，了解程序设计的基础知识，理解程序设计的基本思想，设计简单程序，应用简单算法解决实际问题。

3.1 初识程序设计

计算机作为一种高度复杂的机器，要使其为人工作，也必须为它指定一套严格的操作步骤，这就是编程。编程又称程序设计，简单地说就是根据具体任务，编写计算机能够识别和执行的一系列操作指令（即程序），使计算机能够正确完成该任务。程序设计一般包括问题分析、算法设计、程序编写、运行和调试几个步骤。

学习目标

1. 了解算法的基本概念。
2. 了解计算机程序的概念和基本结构。
3. 会通过分析问题设计合理的算法，并对算法进行描述。
4. 了解主流的程序设计语言的种类和特点。
5. 了解 Python 的基本语法，会编写简单的 Python 程序并调试运行。

任务 1　认识算法

任务描述

张琦是某技师学院焊接加工专业的学生。他从新闻上得知，2023 年我国造船完工量、新承接订单量和手持订单量三大造船指标均大幅增长，占国际市场份额分别为 50.2%、66.6% 和 55%，均位居世界第一。他为我国造船业取得的巨大成就感到自豪，有意毕业后进入船舶企业成为一名船舶电焊工。

老师告诉张琦，要成为一名优秀的电焊工，除了掌握较高的操作技能外，还要具备一定的数字技能，如基本的编程技巧。老师布置了一个任务，希望张琦用编程来解决。

假设某船舶企业车间有 N 名船舶电焊工，平均每人每天能完成的任务量为 M，焊接工作的总任务量为 W，理想情况下这些任务最少能用几天时间完成？

要想用编程来解决这个问题，首先我们要给出这个程序的算法。一个程序的算法通常用流程图来表示，本任务绘制好的流程图如图 3-1-1 所示。

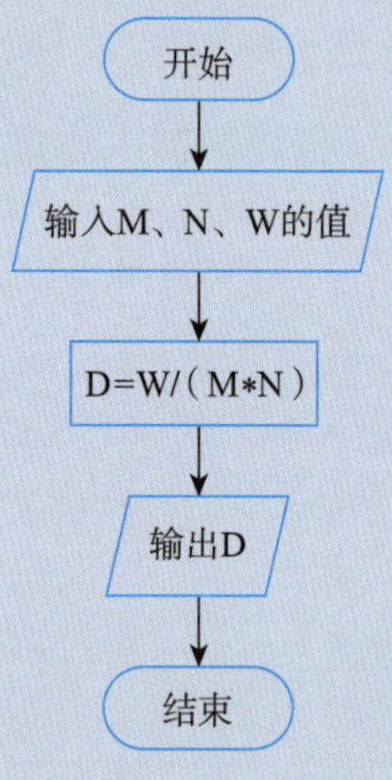

图 3-1-1　“计算任务完成时间”算法流程图

知识储备

在生活中，如果我们想烹饪一道菜，可以按照菜谱一步一步去做。程序可以看成是计算机的“菜谱”，它由一条一条的指令构成，每一条指令可以让计算机执行一个微小的、具体的操作。这些操作按顺序执行完后，计算机就完成了人安排的任务。

一、算法的概念

我们做一件事，先要考虑“怎么做”，即按照什么步骤来完成。做菜的步骤由菜谱给出，编程的步骤则由算法给出。

算法是指按照一定规则解决某一编程任务的明确而有限的步骤。

对于同一个编程任务，可以有不同的算法。这就像如果我们要从上海前往北京，可以选择乘坐飞机或高铁，也可以选择汽车自驾，不同的出行方式花费不同的时间和费用。在设计算法时，不仅要保证算法的正确，还要考虑算法的质量。设计相对简单、运算步骤少的算法，运行起来速度也会更快。

二、如何设计算法

当我们接到一个编程任务时，首先要对其进行分析，明确任务的具体要求、输入的数据和需要输出的结果，再找出一个适合用计算机来求解的适当的解决方法或策略（即算法）。

很多较为简单的编程任务可先用数学公式或模型准确地描述出来，然后再根据数学公式或模型来设计一个解决该问题的算法。

算法的每个步骤都要有确定的执行顺序，能够被计算机理解和执行且无二义性。一个算法可以有 0 个或多个输入项，但至少应该有一个有效的输出项。如果没有输出项，算法的处理结果就无法返回给用户。

三、算法的表示

常用的算法表示方法有自然语言、流程图和伪代码三种方式。

1. 自然语言

自然语言就是人们日常使用的语言，可以是汉语、英语或其他语言。用自然语言表示通俗易懂，但文字冗长，容易出现歧义。

自然语言表示的含义往往不大严格，要根据上下文才能判断其正确含义，描述包含分支和循环的算法时也很不方便。因此，除了一些很简单的问题外，一般不用自然语言描述算法。

2. 流程图

流程图是用一些特定的图形符号加说明来表示各种操作。在实际编程中，经常使用流程图来描述算法。流程图常用图形符号如图 3-1-2 所示。

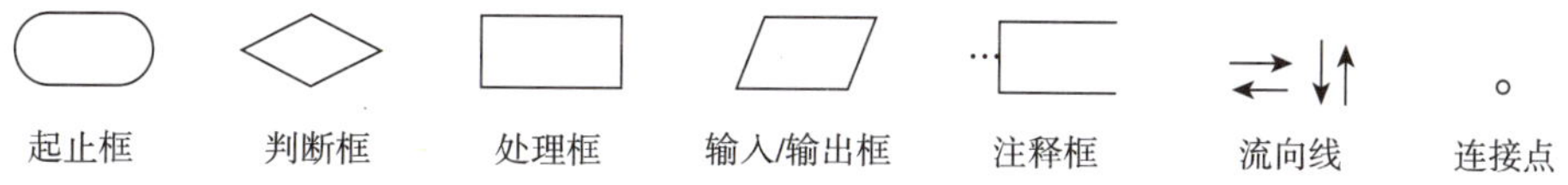

图 3-1-2　流程图常用图形符号

3. 伪代码

伪代码是用介于自然语言和计算机语言之间的文字和符号（非图形符号）来描述算法。

伪代码的形式比较随意，可用英文、中文或中英文混用的文字描述，也可采用类似某种程序设计语言的语法。伪代码一般只用于粗略地描述算法，适用于设计过程中需要反复修改时的流程描述，或概要表达算法的设计思想。

任务分析

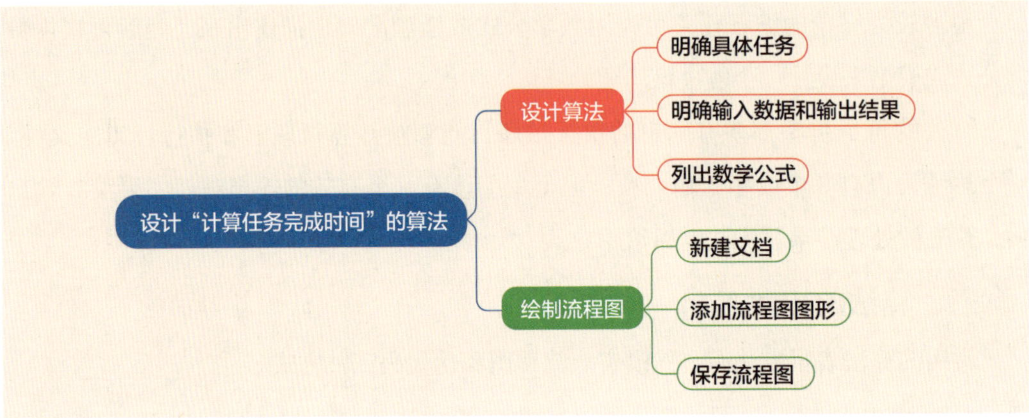

任务实践

1. 设计算法

这个任务的具体要求是“计算船舶企业需用几天完成焊接任务”，输入的数据为“船舶电焊工人数 N”“人均能完成的任务量 M”和“总任务量 W”，将需要输出的结果赋给变量 D，则可以用以下数学公式描述：

$$D = W/(M*N)$$

2. 绘制流程图

下面我们就使用流程图来描述“计算任务完成时间”的算法。

我们可以直接用笔和纸绘制流程图，也可以使用各类软件绘制流程图。比如，使用文本编辑工具（如 Word）或绘图软件，以及专业绘制流程图的软件（如 Microsoft Office Visio）、在线绘制流程图的网站等。这个任务我们使用 Word 2021 来完成。

（1）新建文档。双击桌面 Word 文档快捷方式，新建一个空白文档。

（2）添加流程图图形。编写计算机程序的过程可以分为输入数据、处理数据和输出数据三步，简称 I（Input）、P（Process）、O（Output）。我们绘制流程图时，也要体现这三个步骤。

1）添加起止框。选择“插入”选项卡，单击“形状”按钮，在弹出的“形状列表”中找到“流程图”一栏，单击“流程图：终止”框，鼠标指针变为“+”，在文档中合适位置按下鼠标左键向右下方拖动，插入一个起止框。

操作提示

拖动起止框四边的小圆点可调整图框的大小。当鼠标选中图框，出现“四向箭头”时，可拖动图框到任意位置。

2）修改起止框样式设置。起止框中默认有颜色填充，可以在菜单栏“形状格式”菜单中修改起止框的样式设置，通常背景为白色，框线为黑色。

3）输入文字。鼠标选中起止框，之后单击鼠标右键，在弹出的菜单中选择“添加文字”，在起止框中输入文字“开始”。

4）画流向线。在“形状列表”的“线条”栏中选择单向箭头，鼠标指针变为“+”，在文档中合适位置按下鼠标左键向下拖动，即插入了一个流向线。

5）添加其他图形和流向线。按照添加起止框的方法，依次添加输入框、处理框、输出框、起止框，以及流向线。同时修改样式设置，分别输入相应的文字。

操作提示

当鼠标指针指向所选的形状时，会弹出一个说明框，显示形状的类型，如“流程图：终止”（椭圆形，即起止框）、“流程图：数据”（平行四边形，即输入/输出框）、“流程图：决策”（菱形，即判断框）、“流程图：过程”（矩形，即处理框）等。

（3）保存流程图。单击“文件”选项，选择“保存”命令，将绘制好的流程图重新命名后保存在计算机中。

巩固提高

已知摄氏温度（C）与华氏温度（F）的对应关系是F=（9/5）C+32，如何将输入的摄氏度（可能带小数）转换为华氏度，并在屏幕上输出？请设计算法，并绘制解决该问题的算法流程图。

任务 2　使用程序设计语言

任务描述

在任务 1 中张琦已经设计了“计算任务完成时间”的算法，并绘制了流程图。接下来他将使用 Python 程序设计语言实现算法，使之能运行并输出正确结果。张琦编写好的程序如下。

```
M=float(input('M='))
N=int(input('N='))
W=float(input('W='))
D=W/(M*N)
print(' 最少天数:',D)
```

知识储备

一、程序设计语言的发展历程

程序设计语言是编写计算机程序的语言。自 20 世纪 60 年代以来，程序设计语言经历了从机器语言、汇编语言到高级语言的发展过程。

1. 机器语言

计算机诞生之初，使用的是机器语言，它是计算机能直接识别和接受的二进制代码。

机器语言示例：
10111000 01111111 00000001
10111011 00100001 00000010
00000011 11011000 10111000
00011111 00000100 00101011

特点：面向机器，由二进制 0、1 代码指令构成。
优点：运行速度最快。
缺点：难学、难懂、难理解，程序无通用性，编写、修改、维护困难。

2. 汇编语言

汇编语言又称符号语言，是用符号（如一些简洁的英文字母、符号串）来表示特定指令的程序设计语言。

汇编语言示例：
```
MOV AX 383
MOV BX 545
ADD BX AX
MOV AX 1055
SUB AX BX
```

特点：面向机器，用助记符代替机器指令的操作码。
优点：可读性较机器语言好，程序的执行效率高。
缺点：开发难度大，缺乏通用性，程序不易移植。

3. 高级语言

高级语言不依赖于具体机器，更接近于人们习惯使用的自然语言和数学语言。高级语言可分为面向过程和面向对象两类。

高级语言（C）示例：
```
#include <stdio.h>
int main ( )
{
  ..........;
  return 0;
}
```

特点：独立于机器，近似于自然语言。
优点：容易阅读，易学易用，通用性强。
缺点：计算机不能直接识别和执行，需采用编译或解释形式对源程序进行翻译才能运行，因此执行效率不高。

二、常用高级语言

高级语言种类繁多。据统计，目前世界上公布的高级语言已有上千种之多，但只有很少一部分得到了广泛应用。

常用的高级语言包括 Fortran、Cobol、Basic、Visual Basic、C、C++、C#、Java、JavaScript、Python 等。前三种语言主要在计算机发展早期使用，后面几种语言目前正被广泛使用，见表 3-1-1。

表 3-1-1　常用高级语言

语言名称	主要特点	主要应用
Visual Basic	Visual Basic 是对早期 Basic 语言的增强，具有可视化设计界面和事件驱动编程机制	适用于科学计算、事务管理、计算机辅助教学和游戏编程等
C/C++/C#	C 语言是高级语言中的“元老”，其语法简洁、结构化程度好，并具有良好的可移植性 C++ 和 C# 是在 C 语言基础上开发的面向对象的程序设计语言，C++ 具有很好的封装、继承和多态性，C# 更加简单、安全	C 语言广泛应用于与硬件关系密切的底层开发（如编写操作系统、硬件驱动程序等），C++ 常用于系统开发和应用开发，C# 兼顾系统开发和应用开发

续表

语言名称	主要特点	主要应用
Java	简单、动态、面向对象、分布式、安全、可移植、多线程、跨平台	主要用于编写网络应用程序（如Web应用程序）、分布式系统和嵌入式系统应用程序等
JavaScript	简称JS，语法类似Java，但它是一种脚本编程语言，灵活轻巧，兼顾函数式编程和面向对象编程	主要用于 Web 前端的开发，也被用于很多非浏览器环境中
Python	面向对象、动态数据类型、代码规范、库丰富、简单易学、免费开源、可移植	在人工智能、大数据、游戏开发方面具有优势，也能用于桌面应用开发、Web应用开发、自动化运维等场合

三、Python 的基本语法

1. 程序的基本结构

根据程序执行的流程，程序可分为以下 3 种基本结构。这 3 种基本结构可以组成各种复杂的程序。

（1）顺序结构。顺序结构是最简单的程序结构，即按照程序中语句的顺序一条一条顺序执行。

（2）选择结构。选择结构也称分支结构，在该结构中有条件判断语句，根据条件判断的结果选择执行不同的程序语句。

（3）循环结构。该结构一般先设定一个循环条件，在满足循环条件的情况下反复执行同一组程序语句，直到条件不满足时才退出。

2. 变量和常量

（1）变量。变量是程序的基本组成单位，其值在程序运行期间可以改变。如在测定实时气温的程序中，由于气温是不断变化的，我们可以将气温值定义为一个变量，并给变量取一个名字，称为变量名。

在 Python 中，变量在使用前一般需要先赋值，可通过等号“=”来给变量赋值。如 a=2，赋值后，下次程序中遇到变量 a，其值就是 2。还可以将 a 的值赋给其他变量，如 b=a+3，执行该语句后，变量 b 的值就是 5。

Python 还支持并行赋值（或称多元赋值）。如“a,b,c=1,2,3”，表示分别将 1、2、3 赋值给 a、b、c 三个变量。

知识拓展

变量名实际上对应的是一个地址，类似房间号码。程序运行时，系统会将一个变量的值放在内存的某个“房间”中，通过变量名来绑定这个房间。从变量中取值，实际上是通过变量名找到相应的内存“房间”，从“房间”中取出存放的变量值，如图 3-1-3 所示。

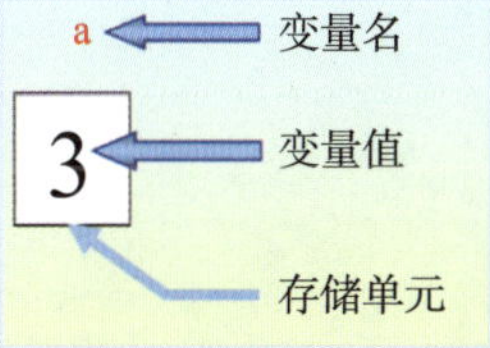

图 3-1-3　变量在内存的存储

还要注意，Python 的变量一般由英文大小写字母、数字、下划线组成，并且开头不要用数字。Python 对字母的大小写敏感，需区分大小写。另外，尽量不要用中文作为变量名，中文一般只作为输入输出的提示，通常需加引号。

（2）常量。常量是指在程序运行过程中始终保持不变的常数、字符串等。

Python 中常量的具体类型包括整型常量、浮点型常量、字符型常量和字符串常量。

1）整型常量。如 100，125，-100，0。

2）浮点型常量。浮点型常量又称实型常量。浮点型常量有两种形式：十进制小数形式（如 3.14，0.125，-3.789）和指数形式（如 12.3e3，即代表 12.3×10^3）。

3）字符型常量。字符型常量是以单引号或双引号包括的单个字符，如普通字符 'a'、'b'、'2'；还有以“\”开头的字符，如“\t”（制表符）、“\n”（换行符）。这里“\”称为转义字符。

4）字符串常量。字符串常量是以单引号或双引号包括的一组字符，如 " Hello! " 或 'hello'，"1234"。实际上，Python 中的字符型常量就是一种特殊的长度为 1 的字符串常量。

3. 运算符和表达式

（1）运算符。运算符也称操作符，用于执行各种运算，包括算术运算符、关系运算符、逻辑运算符等，见表 3-1-2。

表 3-1-2　常见运算符

运算符类型	常见运算符
算术运算符	“+”、“-”、“*”（乘）、“/”（普通除法）、“//”（整除）、“%”（取余）、“**”（幂运算）

续表

运算符类型	常见运算符
关系运算符	“>”、“<”、“>=”、“<=”、“==”（相等）、“!=”（不等）
逻辑运算符	“or”（或）、“and”（与）、“not”（非）

（2）表达式。表达式是由常量、变量和函数通过运算符连接起来的有意义的式子。

任务分析

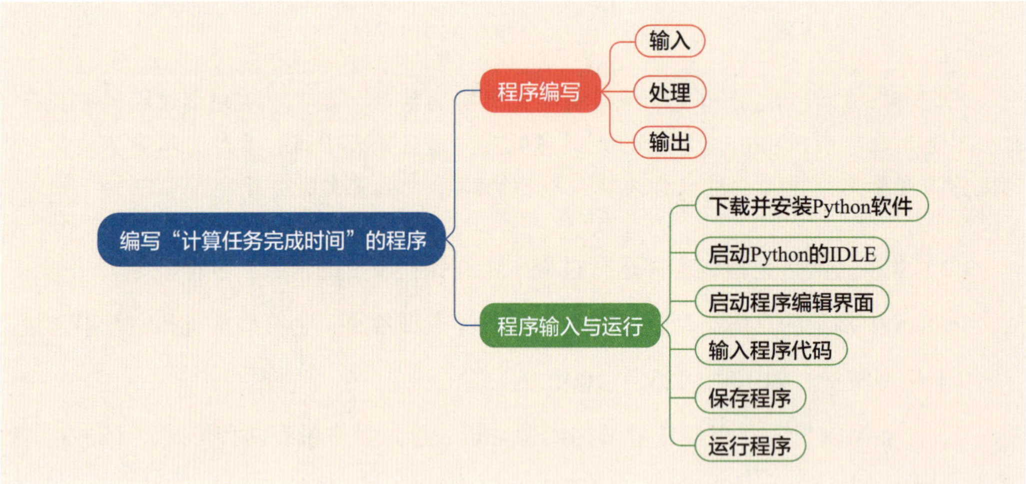

任务实践

1. 程序编写

从我们在本节任务 1 中设计好的流程图可以看出，该任务是一个顺序结构的简单程序，分为“输入—处理—输出”三步。

（1）输入。在 Python 语言中，接收键盘输入的数据用 input 函数。input 函数的用法如下。

```
变量名 =input('提示文本串')
```

提示：这里的'提示文本串'是从键盘输入数据前显示的提示信息。

input 函数接收键盘输入的字符串，赋值给一个变量，变量此时的类型是字符串类型。如语句：C=input('请输入一个摄氏温度：')，会将从键盘输入的内容（这里为摄氏温度）赋给变量 C。

在当前任务中，需要从键盘输入的变量有 3 个：电焊工人数 *N*、人均能完成的任务量 *M* 和总任务量 *W*。

其中，电焊工人数 *N* 应该是整数、人均能完成的任务量 *M* 和总任务量 *W* 可以是浮点数。但 input 函数从键盘接收到的都是字符串类型，所以需用相应的转换函数进行转换。语句如下。

```
M=float(input('M='))  #人均能完成的任务量
N=int(input('N='))  #电焊工人数
W=float(input('W='))  #总任务量
```

操作提示

这里 float 函数是将整数和字符串转换为浮点数，int 函数是将数字或字符串转换为整数。

另外，为了便于对程序的阅读和理解，通常会在程序代码中添加必要的注释。对单行进行注释，可在要注释的行前加“#”，其后的内容会被作为注释供人阅读，不会被计算机执行。如要对多行进行注释，则可用 3 对单引号或双引号，引号之间的内容会被作为注释处理。

（2）处理。要计算最少完工天数，在全员上岗条件下每天能完成的任务量为 *M*N*，则完工天数为 *W*/(*M*N*)，语句如下。

```
D=W/( M*N )
```

注意，因为乘、除运算优先级相同，所以分母 *M*N* 两边的圆括号不能省略，否则会先运算 *W*/*M*，再将结果乘 *N*。

（3）输出。最后，在屏幕上输出计算结果。Python 使用 print 函数在屏幕上输出信息，其基本语法如下。

```
print(o1,o2…)
```

这里的 o1、o2 均为输出对象，类型可以是变量或常量，数量可以从 1 个到多个。在本例中，输出语句如下。

```
print('最少天数:',D)
```

这里，'最少天数:'为第一个输出对象，因为是字符串常量，故使用引号，则其内容原样输出；*D* 为第二个输出对象，是一个变量，输出的是这个变量的值。

2. 程序输入与运行

（1）下载并安装 Python 软件。有很多可以编写和运行 Python 程序的软件平台或工具，如 PyCharm、Spyder、Jupyter Notebook 等。在这个任务中，我们从 Python 官网下载 Python 软件并安装。

操作提示

Python 可以在多个平台上安装和运行，下面以 Windows 平台安装 Python 为例。

第一步：打开 Web 浏览器，访问 Python 官网下载点。

第二步：在下载列表中选择 Window 平台安装包，包格式为：python-XYZ-amd64.exe 文件，XYZ 为要安装的版本号，amd64 是指 X86 架构的 CPU，64 位版本。目前主流的台式计算机和笔记本电脑大都使用这样的架构。

第三步：下载后双击下载包，进入 Python 安装向导。安装过程非常简单，只需要使用默认的设置，一直点击“下一步”，直到安装完成即可。

（2）启动 Python 的 IDLE。在“开始”菜单中找到 Python 程序的 IDLE，点击运行，如图 3-1-4 所示。

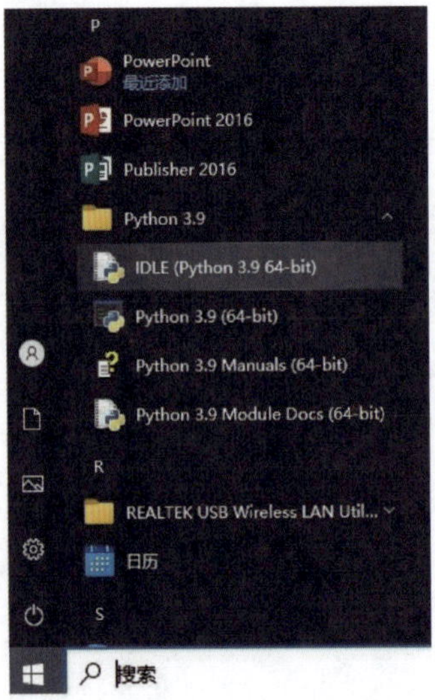

图 3-1-4　启动 IDLE

启动 IDLE 后，会出现主提示符“>>>”，如图 3-1-5 所示。在此提示符下，可以输入单条命令并运行。

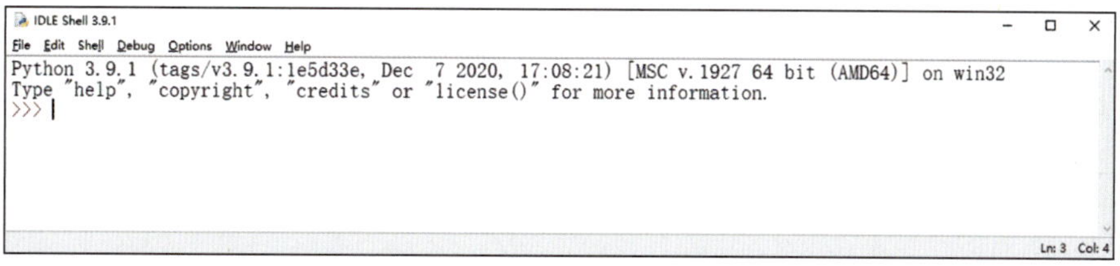

图 3-1-5　Python 的交互式编程环境

（3）启动程序编辑界面。在菜单栏选择“File->New File”，新建一个程序文件，如图 3-1-6 所示。新建程序的编辑界面如图 3-1-7 所示。

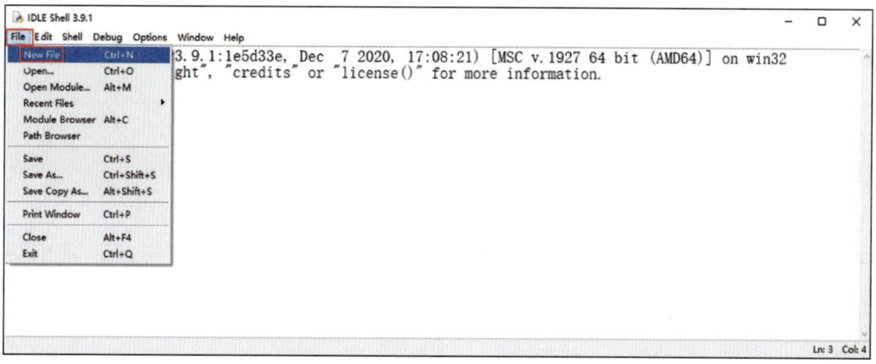

图 3-1-6　新建一个程序文件

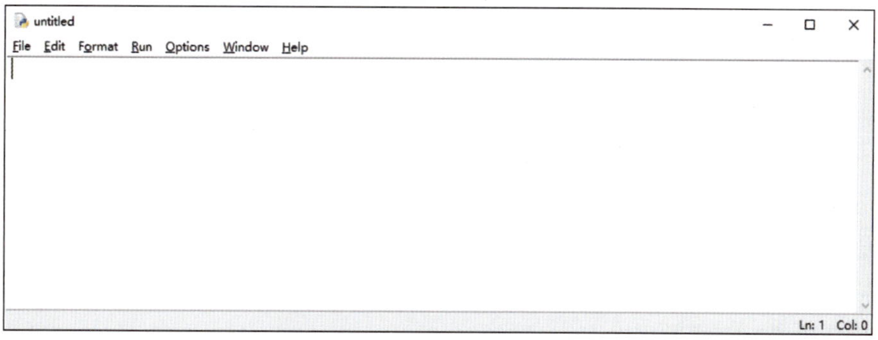

图 3-1-7　程序编辑界面

（4）输入程序代码。在这个界面中我们可以输入完整的程序代码，如图 3-1-8 所示。

（5）保存程序。输入完毕后，在菜单栏选择“File->Save”保存文件（或按“Ctrl+S”快捷键）。我们可以为设计好的程序文件重新命名，一般不用加后缀，默认文件后缀为“.py”。

（6）运行程序。文件保存后选择主菜单栏中的“Run”，在弹出的菜单项中选择“Run Module”运行程序（或按 F5 快捷键）。运行结果会在交互界面输出，如图 3-1-9 所示。

```
test37.py - D:/test1/test37.py (3.9.1)
File  Edit  Format  Run  Options  Window  Help
M = float(input('M='))
N = int(input('N='))
W = float(input('W='))
D = W/(M*N)
print('最少天数：',D)
                                                    Ln: 7  Col: 0
```

图 3-1-8　输入完整程序代码

```
IDLE Shell 3.9.1
File  Edit  Shell  Debug  Options  Window  Help
Python 3.9.1 (tags/v3.9.1:1e5d33e, Dec  7 2020, 17:08:21) [MSC v.1927 64 bit (AMD64)] on win32
Type "help", "copyright", "credits" or "license()" for more information.
>>>
========================== RESTART: D:\test1\test37.py ==========================
M=3.5
N=20
W=399
最少天数： 5.7
>>>
                                                    Ln: 9  Col: 4
```

图 3-1-9　程序在交互界面上的输出结果

操作提示

如果输入的代码中存在错误，那么运行时程序就会报错。例如，我们运行如图 3-1-10 所示程序。

```
test37.py - D:\test1\test37.py (3.9.1)
File  Edit  Format  Run  Options  Window  Help
M = float(input('M='))
N = int(input('N='))
W = float(input('W='))
d = W/(M*N)
Print('最少天数：',D)
                                                    Ln: 4  Col: 1
```

图 3-1-10　出错代码示例

在运行这个程序时，就会报错，如图 3-1-11 所示。

```
IDLE Shell 3.9.1
File  Edit  Shell  Debug  Options  Window  Help
Python 3.9.1 (tags/v3.9.1:1e5d33e, Dec  7 2020, 17:08:21) [MSC v.1927 64 bit (AMD64)] on win32
Type "help", "copyright", "credits" or "license()" for more information.
>>>
========================== RESTART: D:\test1\test37.py ==========================
M=3.5
N=20
W=399
Traceback (most recent call last):
  File "D:\test1\test37.py", line 5, in <module>
    Print('最少天数：',D)
NameError: name 'Print' is not defined
>>>
                                                    Ln: 12  Col: 4
```

图 3-1-11　程序运行错误提示

图 3-1-10 程序的错误主要有两处，如图 3-1-12 所示。

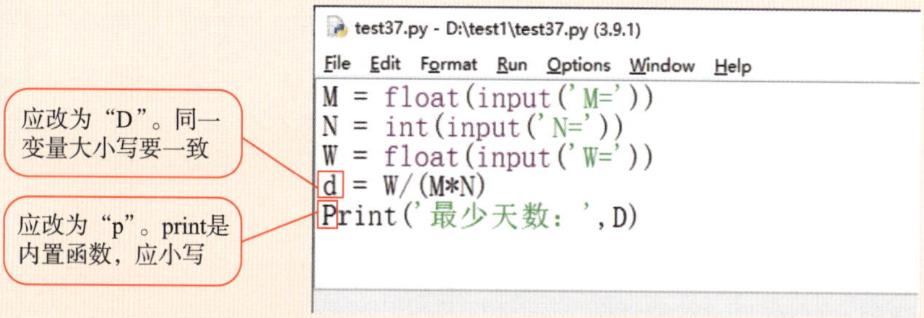

图 3-1-12　程序的两处错误

程序报错后，可重新检查程序代码，找出错误点并改正。接着重新保存并运行程序，如此循环往复，直至程序正确运行。

巩固提高

我们在本节任务 1 的“巩固提高”中已经完成了摄氏温度（C）与华氏温度（F）转换的流程图，请编写程序，将输入的摄氏温度转换为华氏温度，并在屏幕上输出。

拓展与探究

Python 的程序设计理念和常用语法要求

1. Python 的程序设计理念

Python 的程序设计理念可概括为“简洁为美，遵循常规，程序易读”。在编程时，能用简单的方式解决问题，就不用复杂的；尽量不编写复杂、难懂的代码，注重代码的可读性；尽量遵守编程的习惯约定，复杂的程序要多加注释。

2. Python 的常用语法要求

（1）代码缩进与冒号。代码缩进是指通过在每行代码前输入空格或制表符的方式，表示每行代码之间的关系。对多数程序设计语言来说，采用代码缩进的编程风格只是提高代码的可读性，不影响语法，但对于 Python，代码缩进就是一种语法，它可以区分代码之间的层次。后面我们会讲到选择语句和循环语句，在选择或循环的条件语句满足时执行的后续语句，一定要针对这个条件语句缩进。

建议 1 次缩进按一次 TAB 键，默认为 4 个空格。

（2）语句的分隔。Python 默认一行一个语句。如果一行有多个语句，需用分号分隔。如果语句太长，要分成若干行，除最后一行外，其他各行的尾部需加反斜杠“\”。

（3）冒号的使用。Python 语法要求在选择语句或循环语句的条件表达式后、else 后、定义函数或类时均要加冒号“:”。

3.2 设计简单程序

前面我们介绍了顺序结构的程序，在这类程序中，指令是一条一条顺序执行的，不存在程序的跳转。但实际的编程任务通常要比这个复杂，需要进行流程控制，如根据不同的情况执行不同的操作，或重复执行某些固定的操作等。这些任务就需要用到新的程序结构。

本节将继续从实际问题出发，学习程序的选择结构、循环结构及自定义函数的应用。

学习目标

1. 了解程序设计的选择结构和循环结构。
2. 会设计使用选择结构和循环结构的程序。
3. 了解函数的一般概念。
4. 会设计自定义函数并进行调用。

任务 1　使用选择结构

任务描述

在智能化家居设计中，房间的温度由计算机总控程序自动控制。假设当前室温为 t，要设定房间温度恒定为 22 ℃。当室内温度高于或等于 22 ℃时，空调自动制冷；当室内温度低于 22 ℃时，空调自动制热。设 m 代表空调工作模式（“制冷”或“制热”），请编写设定空调工作模式的程序。

编写好的程序如下。

```
t=int(input("t="))
if t >=22:
    m=" 制冷 "
else:
    m=" 制热 "
print(" 当前空调工作模式为:",m)
```

知识储备

选择语句也称分支语句，它能够改变程序执行的流程。具体地说，它能根据测试条件（称为条件表达式）的结果来决定要执行哪些语句。

一、条件表达式

条件表达式是由若干操作数与操作符（如比较操作符、逻辑操作符等）组合而成的表达式，表达式的值一般是逻辑类型的（真值 True 或假值 False）。

例如，“A>B”就是一个条件表达式。

变量 A 和 B 是操作数（类型可能是整数、浮点数等），“>”（大于符号）是比较操作符，整个表达式的结果是逻辑类型（或称布尔类型），要么是真值 True，要么是假值 False。

条件表达式通常用在选择语句或循环语句中。

二、选择语句

Python 的选择语句有 3 种：单分支 if 语句、双分支 if－else 语句和多分支 if－elif－else 语句。

1. 单分支 if 语句

单分支 if 语句的基本语法如下。

```
if < 条件表达式 >:
    < 语句组 >
```

此类语句只有在条件成立的时候需要执行代码；如果条件不成立，则什么都不执行。流程图如图 3-2-1 所示。

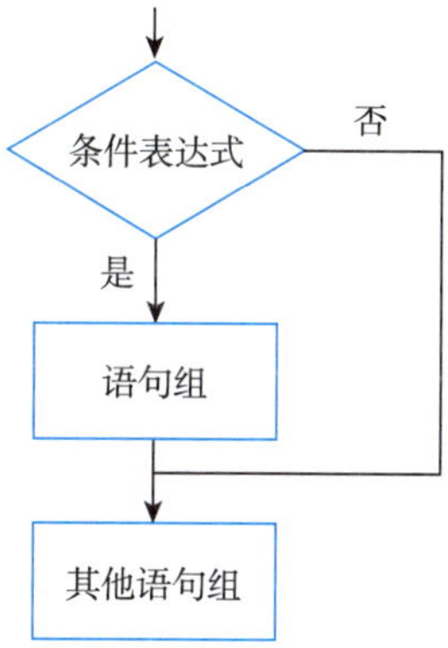

图 3-2-1　单分支 if 语句流程图

2. 双分支 if-else 语句

双分支 if-else 语句的基本语法如下。

```
if < 条件表达式 >:
    < 语句组 1>
else:
    < 语句组 2>
```

此类语句先判断条件表达式是否成立，如成立，执行语句组 1；不成立，执行语句组 2。双分支 if-else 语句流程图如图 3-2-2 所示。

> 提示：语句组 1 和 2 中的语句必须针对 if 或 else 语句缩进，缩进操作虽然可直接用空格，但用 TAB 制表符键更方便（可一次缩进 4 个空格）。

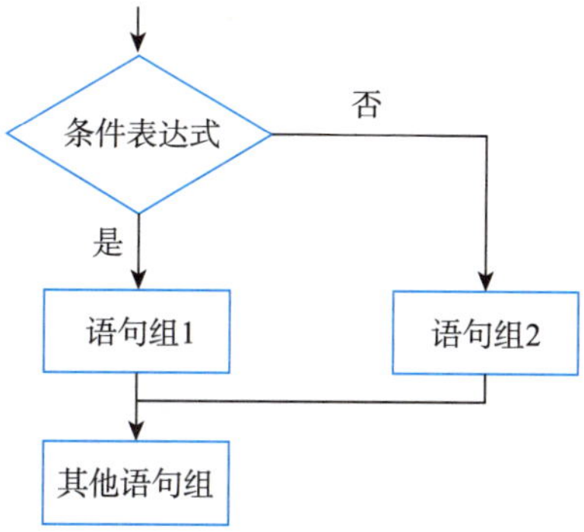

图 3-2-2　双分支 if-else 语句流程图

例：有两个整数 A 和 B，各自赋了初值 3 和 4，要求输出两数中较大的那个数。代码如下。

```
A=3
B=4
if A<=B:
    print (B)
else:
    print (A)
```

3. 多分支 if-elif-else 语句

多分支 if-elif-else 语句的基本语法如下。

```
if <条件表达式 1>:
    <语句组 1>
elif <条件表达式 2>:
    <语句组 2>
…
elif <条件表达式 n>:
    <语句组 n>
else:
    <语句组 n+1>
```

多分支 if-elif-else 语句可用于多分支情况的处理，其流程图如图 3-2-3 所示。

例：求解三个整数 A、B、C 的最大值，代码如下。

```
A,B,C=3,4,5
if A>=B and A>=C:
    print(A)
elif B>=C and B>=A:
    print(B)
else:
    print(C)
```

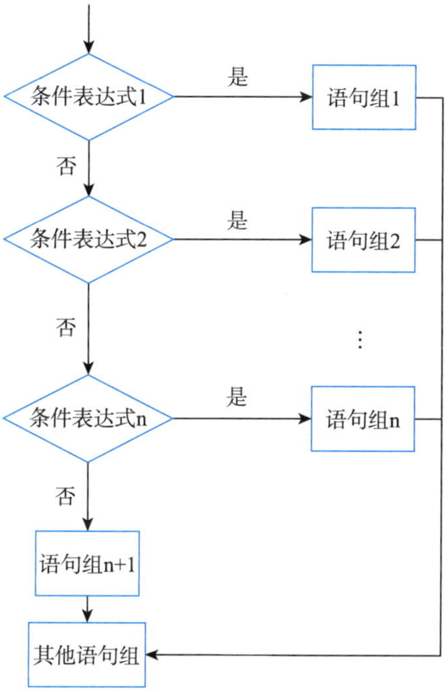

图 3-2-3　多分支 if-elif-else 语句流程图

任务分析

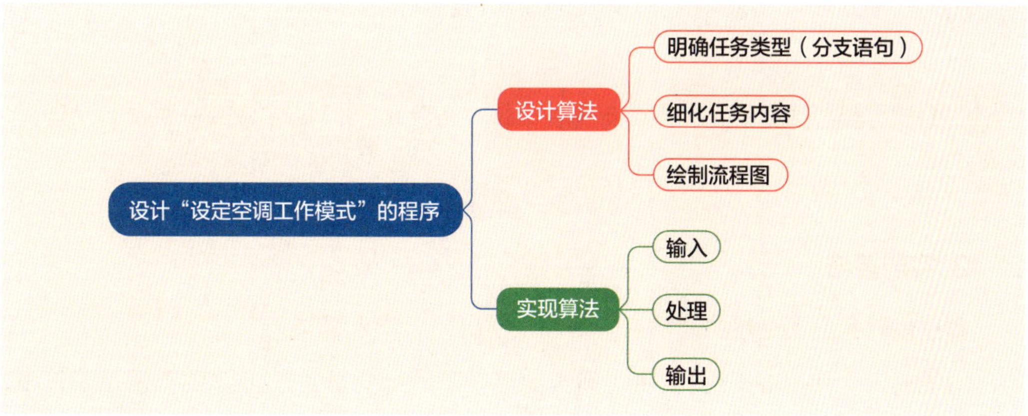

任务实践

1. 设计算法

在本任务中，空调工作的模式有两种：当室内温度高于或等于 22 ℃时，空调自动制冷；当室内温度低于 22 ℃时，空调自动制热。对应的是双分支 if–else 语句。

首先，设当前室内温度为变量 *t*。接着，判断 *t* 是否大于等于 22 ℃，用条件表达式“*t* > = 22”表示，后面再根据条件的真假分别执行不同的语句。最后，设变量 *m* 代表空调的工作模式，当条件为真时，*m* 设定为“制冷”；当条件为假时，*m* 设定为“制热”，最后输出 *m*。

根据以上分析，将解决问题的算法用流程图描述，如图 3–2–4 所示。

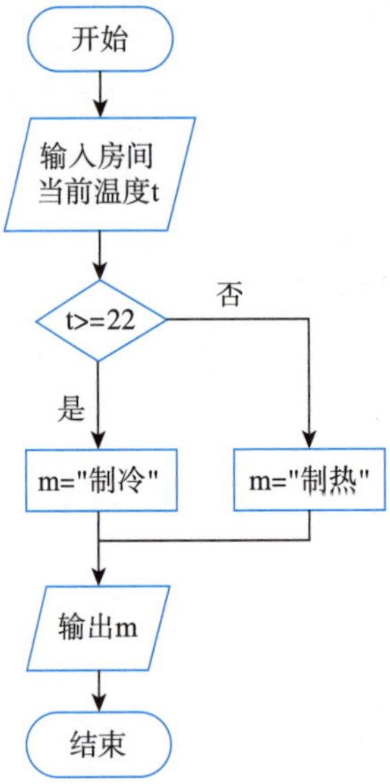

图 3-2-4 “设定空调工作模式”算法流程图

提示：在流程图中，条件成立一般标注“是”或“Y”，不成立一般标注“否”或“N”。

2. 实现算法

程序代码我们还是按照“输入—处理—输出”三步来编写。

（1）输入。使用 input 函数将房间当前温度赋值给变量 *t*。这时 *t* 的类型是字符串，由于接下来 *t* 要与设定的温度 22 ℃进行比较，则 *t* 必须转为整数或浮点数。假设输入温度不含小数，可用 int 函数将 *t* 转为整数。代码如下。

```
t=int(input("t="))
```

（2）处理。这部分主要使用双分支 if–else 语句。如果 *t* 大于等于 22 ℃，则空调工作模式对应的变量 *m* 设定为“制冷”，否则设定为“制热”。代码如下。

```
if t>=22:
    m=" 制冷 "
else:
    m=" 制热 "
```

（3）输出。可用 print 函数输出当前设定的空调工作模式。代码如下。

```
print(" 当前空调工作模式为:",m)
```

这里 print 函数包含两个参数，第一个参数（用引号包含的文字）是字符串常量，在结果中会原样输出；第二个参数 *m* 是变量，在结果中会输出 *m* 的值。

录入完整的代码，如图 3–2–5 所示。

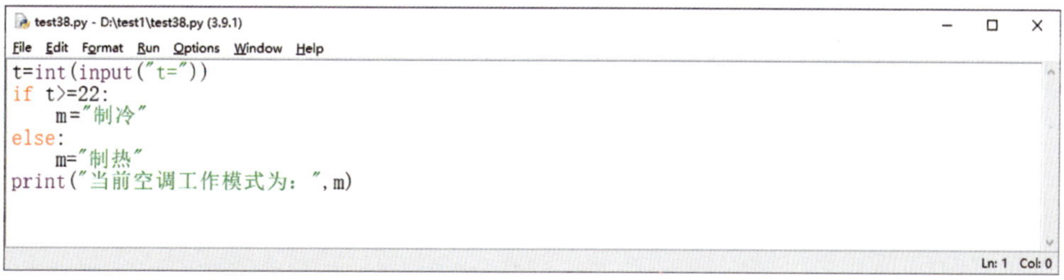

图 3-2-5 “设定空调工作模式”程序

程序运行后的结果如图 3–2–6 所示。

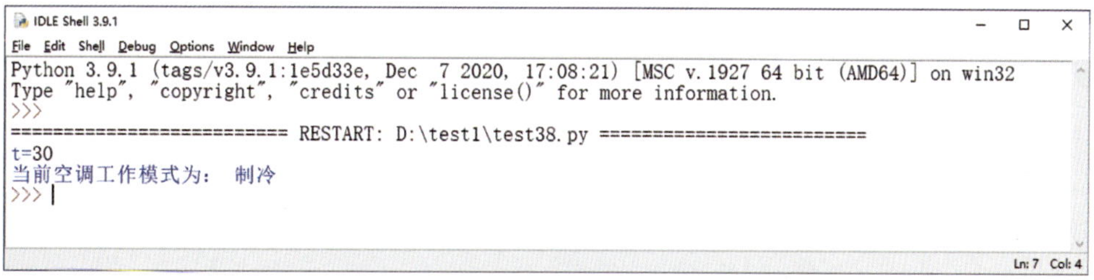

图 3-2-6 “设定空调工作模式”程序运行结果

巩固提高

请尝试完成以下任务。

设定房间温度恒定为 22 ℃。当室内温度高于 22 ℃时，空调自动制冷；当室内温度等于 22 ℃时，空调进入“通风”工作状态；当室内温度低于 22 ℃时，空调自动制热。请编写此任务程序，参考流程图如图 3-2-7 所示。

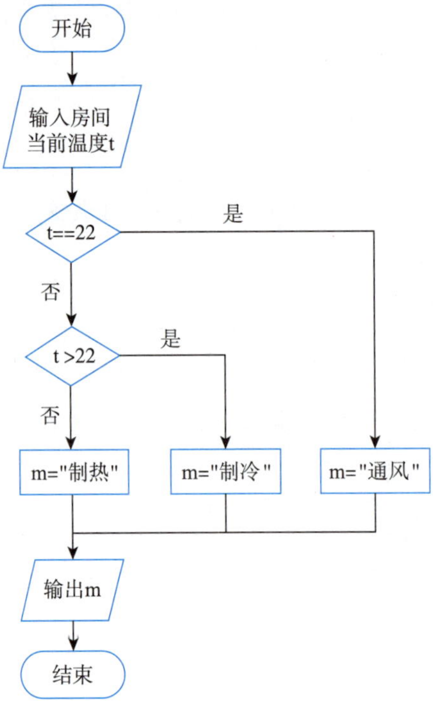

图 3-2-7　参考流程图

任务 2　使用循环结构

任务描述

在我国约 1 500 年前的《孙子算经》中，有这样一道“鸡兔同笼”问题：“今有雉（鸡）兔同笼，上有三十五头，下有九十四足，问雉兔各几何？”请编写求解“鸡兔同笼”问题的计算机程序。

编写好的程序如下。

```
head=35  #鸡兔总数
foot=94  #鸡兔脚总数
n1=2  #单只鸡脚数量
n2=4  #单只兔脚数量
for i in range(0,head+1):
    if i*n1+(head-i)*n2==foot:
        print("鸡:"+str(i)+"只,兔:"+str(head-i)+"只")
```

知识储备

有些人不愿意重复、机械地做同一件事情，而这却是计算机最擅长的。在算法中，把这种从某处开始、按照一定条件、反复执行某一处理步骤的过程，叫作循环结构。对应的语句称为循环语句。

循环语句的作用是反复执行一段代码，直到满足循环终止条件为止。

一个循环一般包括四部分内容。

初始化部分： 初始化部分用来设置循环的一些初始条件。例如，如果循环中需要计数，那么循环开始前要将计数器清零。

循环体部分： 循环体即反复循环执行的那段代码，可以是一条语句或多条语句，它是循环语句的核心。

循环条件部分： 循环条件部分通常是一个条件表达式（循环继续运行的条件）。每一次循环都要对该表达式求值，以验证是否满足循环条件。如循环条件满足，则继续循环；否则退出循环。

迭代部分： 每执行一次循环一般都要对循环条件做修改，这样循环才有可能结束。迭代部分负责修改循环条件的工作。它是在当前循环结束、下一次循环开始前执行的语句，一般包含在循环体内。

Python 提供了两种常用的循环结构：while 语句和 for 语句。

一、while 语句

while 语句常用于事先不知道循环次数的循环，基本语法如下。

```
while <条件表达式>:
    <语句组>
```

例：已知银行整存整取一年期定期存款利率为 1.75%，求多少年后一万元存款连本带利能够翻倍？代码如下。

```
cunkuan=10000   #本金 10000 元
years=0  #初始化
while cunkuan<20000:  #循环条件
    years+=1   #循环体
    cunkuan=cunkuan*(1+0.0175)   #循环体
print(str(years)+" 年以后, 存款会翻番 ")
```

本例中前两条语句为初始化，设置本金（cunkuan）数值（10 000）和初始时的年份计数（years，初值为 0）。后面是循环体，循环体中每执行一次将年份计数加 1，并计算这一年本金和利息的总和（注意 Python 中“%”是取余操作符，所以 1.75% 应写成 0.0175）。当本息总和超过 2 万时，循环的条件表达式不再成立，循环结束，执行其后的输出语句。

提示：输出语句的参数由两部分组成，前一部分是年份数，由于代表年份计数的变量 years 是整数，而后一部分是字符串常量，两者不能直接相加（连接），所以要用 str 函数将 years 转换为字符串，这时两部分能相加合并成一个完整的字符串并输出。

二、for 语句

for 语句常用于已知循环次数的循环，基本语法如下。

```
for <迭代变量> in <序列>:
    <语句组>
```

for 语句在执行时，先从序列中选择一个元素（按顺序），然后执行后面语句组（循环体），完成一次循环后，再从序列中选择下一个元素，重复执行循环体，直到序列里的元素被全部遍历，循环结束。

例：按序打印所有的大写英文字母，各字母间用空格分隔。代码如下。

```
s="ABCDEFGHIJKLMNOPQRSTUVWXYZ"
for i in s:
    print(i,end = " ")
```

在本例中，变量 s 是一个包含所有大写英文字母的字符串，可看成是由各个字母组成的序列。Python 中的序列除字符串外，还有列表、元组等。

执行循环工作时，迭代变量 i 在序列 s 中进行遍历，第一次取“A”，第二次取“B”，……。每做一次循环，就打印一次 i 所取的值。直至 i 遍历完序列 s 中的所有字母，循环结束。

提示：print 函数在内容输出后默认情况会换行（相当于自动添加了换行符“\n”），但这里要求输出的每个字母间以空格分隔，所以 print 函数的参数中设置参数 end=" "，表示内容输出后不换行，而是添加一个空格。

程序运行结果如图 3-2-8 所示。

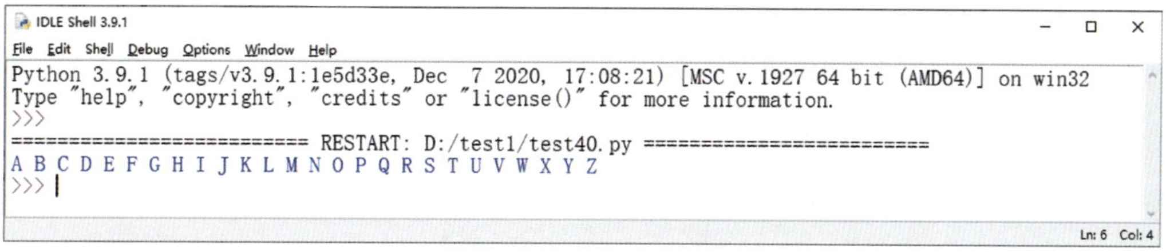

图 3-2-8　程序运行结果

三、跳转语句

循环执行过程中如果需要提前结束循环，可以使用跳转语句。跳转语句主要有 break 和 continue 两种，它们可以改变循环的流程。

当 break 语句在循环结构中执行时，它会忽略后面的代码块，立即跳出其所在的循环结构（如有多层循环嵌套，则跳出 break 语句所在的那层循环），转而执行该循环结构后面的语句。

与 break 语句不同，当 continue 语句在循环结构中执行时，并不会退出循环结构，而是立即结束本次循环，重新开始下一轮循环。也就是说，continue 语句会跳过循环体中在 continue 语句之后的所有语句，继续下一轮循环。

如果将前面的例题修改一下，只要求输出前 3 个字母，则代码如下。

```
s="ABCDEFGHIJKLMNOPQRSTUVWXYZ"
for i in s:
    if i == 'D':
        break
    print(i,end = " ")
```

当循环变量 i 遍历到字母 D 时，i == 'D' 条件成立，执行 break 语句，程序就退出循环，所以只打印了前 3 个字母。

任务分析

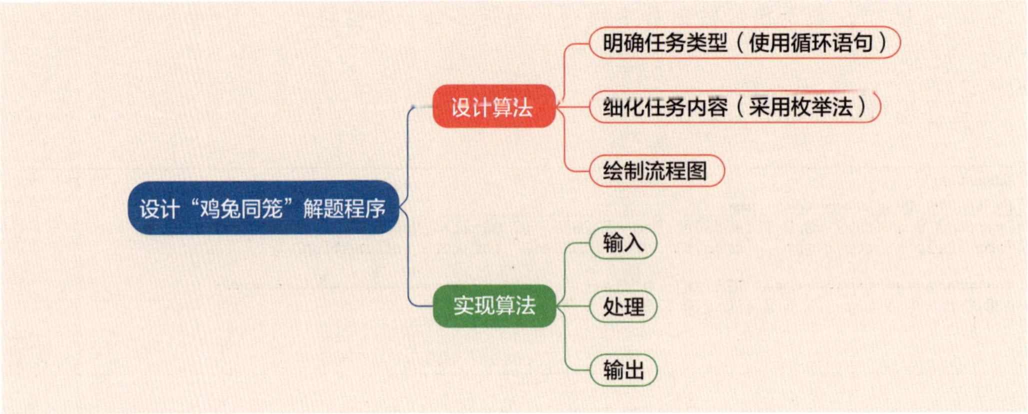

任务实践

1. 设计算法

对于“鸡兔同笼”问题，我们可以分别将鸡和兔设为两个变量，列出二元一次方程求解。而在利用计算机算法求解时，我们可以使用循环结构，逐一列举出该问题所有可能的解，并在逐一列举的过程中，检验每对可能解是否满足问题所求，若是则采纳，不是则抛弃。这就是计算机算法类型中的“枚举法”。

鸡和兔的总头数为 35，即鸡和兔的总数为 35。设定变量 *i* 代表鸡的数量，则兔的数量为 35−*i*。我们不知道笼中鸡和兔的具体数量，可以分别假设鸡的数量为 0、1、2、3、…、35，然后逐一验证假设是否成立（即该假设前提下脚的数量是否为 94），如果某个假设验证成立了，这时的 *i* 就是鸡的正确数量。

此算法采用循环结构，循环体内计算在当前鸡数量的假设下鸡和兔的总脚数是否为 94，如是则验证成立，如否则继续循环。所以，循环体内还应有一个分支语句，用于判断假设是否成立。算法流程图如图 3-2-9 所示。

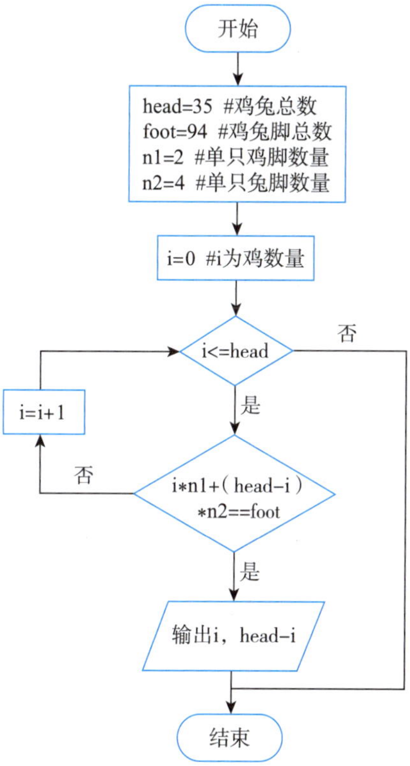

图 3-2-9　“鸡兔同笼”算法流程图

2. 实现算法

我们还是按照“输入—处理—输出”三步来编写程序代码。

（1）输入。此任务直接在程序中为变量赋值即可。设定 4 个变量：head 对应鸡和兔的总数（头的总数），foot 对应鸡和兔脚的总数，*n*1 代表单只鸡脚的数量（为 2），*n*2 代表单只兔脚的数量（为 4）。

（2）处理。此任务采用枚举法。设置变量 *i* 代表鸡的数量，*i* 的取值从 0 到 head（鸡兔总数），每取一个值，判断当前 *i* 取值情况下鸡和兔脚的总数是否为 foot（鸡兔脚的总数）。如是，则找到了正确的解；如不是，则 *i* 加 1 后继续尝试。

（3）输出。一旦找到正确的解，就可以用 print 函数输出结果。鸡的数量是 *i*，兔的数量是 head−*i*。

下面分别给出用 while 和 for 两种循环语句实现的代码。

使用 while 语句实现的代码如下。

```
head=35  #鸡兔总数
foot=94  #鸡兔脚总数
n1=2  #单只鸡脚数量
n2=4  #单只兔脚数量
i=0
while i<=head:
    if i*n1+(head-i)*n2 == foot:
        print(" 鸡:"+str(i)+" 只, 兔:"+str(head-i)+" 只 ")
    i=i+1
```

使用 for 语句实现的代码如下。

```
head=35  #鸡兔总数
foot=94  #鸡兔脚总数
n1=2  #单只鸡脚数量
n2=4  #单只兔脚数量
for i in range(0,head+1):
    if i*n1+(head-i)*n2 == foot:
        print(" 鸡:"+str(i)+" 只, 兔:"+str(head-i)+" 只 ")
```

提示：我们在下一节将学习函数。这里的 range( ) 就是 Python 中的一种内置函数，用于生成一个整数序列，常出现在 for 语句的循环中。range 函数基本语法如下。

```
range( 初值, 终值, 步长 )
```

其中，初值默认为 0，步长默认为 1，生成的整数序列包含初值，但不包含终值。在本例中，range(0,head+1) 生成的序列为：0,1,2,⋯,head。

程序的运行结果如图 3-2-10 所示。

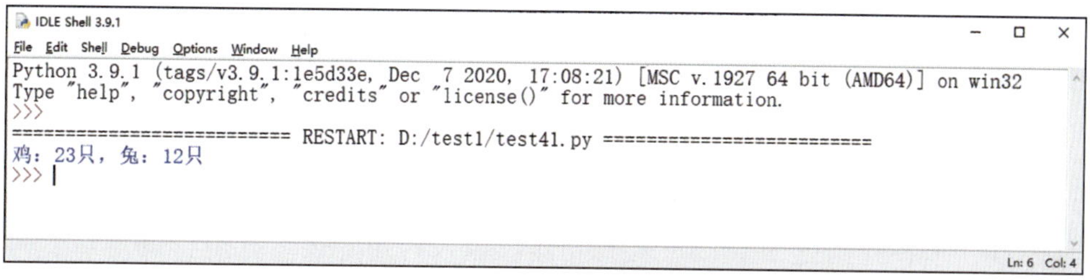

图 3-2-10 “鸡兔同笼”程序运行结果

巩固提高

前面我们采用枚举法求“鸡兔同笼”问题的解，是使用循环结构对所有可能的鸡的数量进行遍历，所以能求出所有可能的解（尽管实际只有一个）。但有的时候我们只需要得到一个解，不需要求出所有解。请在原来的代码中增加跳转语句，一旦得到一个解，循环就结束。

任务 3　使用函数

任务描述

冯强是某技师学院数控加工专业的一名学生，目前正在某企业参加顶岗实训。师傅告诉冯强，企业正在大力推进数字化转型，新型的数控机床由计算机软件控制，加工精度可达几个微米，远胜普通机床，并且自动化操作可以确保质量的一致性，如果要掌控数控机床，就必须学会编程。

师傅给冯强安排了一个编程任务：加工一个标准尺寸的实心金属球，安排 5 位同学分别独立加工。已知球的标准直径和 5 位同学加工件的度量直径（加工件有一定的精度误差），要求按照给定标准，判断各位同学的加工件是否合格，并输出合格的件数。判断标准是金属球质量的允许误差范围（从外界输入），金属球的密度已知。

假设球的标准直径为 20 cm，密度为 7.85 g/cm^3，5 位同学加工件的直径数据放在列表 L 中（单位为 cm）。允许质量的误差范围从键盘输入（浮点数，单位为克）。

L=[20.00093,20.00076,19.99958,19.99858,19.99807]

要求编写函数，根据输入的误差范围判断给定加工件是否合格，合格返回 True，不合格则返回 False。主程序接收输入的质量误差范围，调用函数判断各个加工件是否合格，并输出合格的加工件件数。

编写好的程序如下。

```
import math
#函数
def qualified(d,e):
    #d为某位同学加工件的直径数据
    #e为允许的质量误差范围
    m=7.85  #金属密度
    q=20  #标准直径
    V=4/3*math.pi*pow(q/2,3)  #标准体积
    V1=4/3*math.pi*pow(d/2,3)  #实际体积
    g=abs(V-V1)*m  #质量误差
    if g<=e:
        return True
    else:
        return False
#主程序
L=[20.00093,20.00076,19.99958,19.99858,19.99807]
e=float(input("请输入质量的误差范围(克):\n"))
print('合格产品的件数为:')
count=0
for i in L:
    if qualified(i,e):
        count+=1
print(count)
```

知识储备

为什么要引入函数？引入函数是模块化程序设计的需要。如果所有程序代码都写在一个程序段中，这个程序段就会变得非常庞杂，使阅读和维护变得困难。所以，可以将复杂的程序按功能分成多个模块，每个模块用一个或几个函数来实现。

一、函数的概念

函数的英文“function”直译是“功能”的意思。实际上，每个函数正是用来实现一个特定的功能。给函数取名时应尽量使名字反映其代表的功能。

将程序中常用或需要多次实现的功能编写为函数，就可以在需要时调用。如在计算中经常要用到开平方，如果将开平方写成一个函数，一旦用到开平方，即可调用函数，不必重复编写基础代码，减少了重复劳动，也使程序更加精炼。

Python 的程序代码一般从主程序的第一条语句开始执行。在主程序中可以调用函数，一个函数又可以调用另一个函数。同一个函数可以被一个或多个函数调用任意次。

二、自定义函数

前面已学过 Python 的一些函数，如 print( )、int( )、input( ) 等，这些函数是 Python 自带的，可以直接使用，称为内置函数。还有一类函数包含在 Python 的模块中，要先导入相应的模块，之后才能使用。

用户也可以定义自己的函数，Python 自定义函数的基本语法如下。

```
def < 函数名 >( 参数列表 ):
    < 函数体 >
    return [ 返回值 ]
```

提示：以上自定义函数语法的“参数列表”中包含的参数称为形式参数，它可以有，也可以没有。如有多个参数，参数间用逗号分隔。

return 语句用来返回函数的值。如果函数不需要返回值，可不用 return 语句（或 return 后不指定值），这样，函数将返回一个空值（None）。

提示：执行 Python 程序时，一旦遇见 return 语句，会马上退出函数，即使后面还有语句也不再执行。

例：定义求两数最大值的函数（max 函数）。代码如下。

```
def max(a,b):
    if a>b:
        return a
    else:
        return b
```

三、自定义函数的调用

自定义函数的调用类似内置函数的调用，都是通过“函数名（参数列表）”形式调用。

如果函数定义时有形参，必须在调用时提供实际参数（实参）。实参的个数、类型、位置一般要与形参一一对应。

如果函数定义时没有参数，调用时也必须使用空括号。

例：利用函数，将输入的华氏温度转化为摄氏温度并输出。

这里，摄氏温度 C 与华氏温度 F 之间的关系为：

$$C=(F-32)*5/9$$

```
# 定义函数 getCelsius, 将华氏温度转化为摄氏温度
def getCelsius(F):
    C=(F-32)*5/9   # 计算摄氏温度
    return C       # 返回摄氏温度
# 主程序
hswd=float(input(" 请输入华氏温度:"))  # 输入华氏温度
cswd= getCelsius(hswd)                # 调用 getCelsius 求摄氏温度
print(" 华氏温度 ",hswd," 对应摄氏温度为 ",round(cswd,1))  # 输出结果
```

该例中，函数 getCelsius 实现将华氏温度转化为摄氏温度的功能。函数通过形参 F 接收主程序传入的华氏温度，计算出对应的摄氏温度 C 并返回主程序；主程序从键盘接收输入的华氏温度，通过 float 函数转换成浮点数，再调用函数获得对应的摄氏温度，最后输出结果。

round 函数可指定保留的小数位数，这里设定输出的摄氏温度保留一位小数。

四、模块的导入和使用

Python 中的模块分为内置模块和非内置模块。

内置模块是系统自动导入的。程序中可以直接使用内置模块里的函数，这些函数称为内置函数，如 print( )、input( )、int( ) 等都是内置函数。

非内置模块通常以文件的形式存在于 Python 的安装目录中，要使用非内置模块中的函数，必须首先导入该模块。

导入模块的基本语法如下。

```
import 模块名
```

该语句通常放在程序的开始部分。导入的模块名可以有多个，它们之间用逗号分隔。

模块导入后，在程序中使用“模块名.函数名”形式来使用模块中的函数。

例如，Python 中的数学库模块 math，里面包含了许多数学运算函数，如开平方的 sqrt 函数。

例：计算输出 a^2+b^2 的平方根。代码如下。

```
import math
a,b=10,20
print(math.sqrt(a*a+b*b))
```

五、列表及操作

在循环结构中，常用到 Python 的列表。

Python 的列表是一种批量数据类型，可以容纳任意数量的有序元素，并且这些元素不必是同一种类型。列表中的每个元素都有一个索引，从 0 开始，可以通过索引来访问、修改或删除列表中的元素。

1. 创建列表

创建列表一般使用方括号“[ ]”将元素括起来，元素之间用逗号分隔。代码如下。

```
L1=["one","two","three","four","five"]
L2=[[1,2],[3,4],[5,6]]
L3=["zhangsan",True,185,"lisi",False,165,"wanger",True,176]
```

在上面的例子中，列表 L1 包含了 5 个字符串类型的元素；列表 L2 包含了 3 个元素，但其中的每个元素又是一个小列表；列表 L3 包含了 9 个元素，值得注意的是，这些元素的数据类型是不相同的（这也是允许的）。

创建一个空列表，可以用以下两种方式。

```
L=[]          #直接生成空的列表
L=list()      #使用列表的构造器生成空列表
```

2. 添加列表元素

要在列表中添加单个元素，可使用 append 函数，将加入的元素放在列表的最后。

如果要批量添加数据，则使用 extend 函数，其参数是一个列表，包含了批量加入的所有元素。

例：在列表中单独和批量添加用户 1—6 月用电量数据。代码如下。

（1）初始化列表。

```
>>> t=[]
```

（2）增加 1 月份的用电量。

```
>>> t.append(271)
```

（3）批量增加 2—6 月份的用电量。

```
>>> t.extend ([151,78,92,83,134])
>>> t
[271,151,78,92,83,134]
```

3. 删除列表元素

使用 remove 函数或 pop 函数可以删除列表中的元素。remove 函数的参数是要删除的值；pop 函数的参数是要删除元素的位置索引（下标），如没有，则删除最后一个元素。

例：删除上例中 2 月份的用电量。代码如下。

```
>>> t.remove(151)
>>> t
[271,78,92,83,134]
```

4. 循环处理列表中的元素

列表是有序的，列表中每个元素都有与位置顺序对应的索引号（下标）。访问列表的元素，就是通过“列表名[下标]”。首个元素的下标为 0。

下列分别用列表元素遍历和下标遍历两种方式来打印列表 L1 中的所有元素。

例：列表元素的遍历。代码如下。

```
L1=["one","two","three","four","five"]
for i in L1:
    print(i)
```

例：使用下标遍历列表元素。代码如下。

```
L1=["one","two","three","four","five"]
for i in range(len(L1)):
    print(L1[i])
```

前一例中循环变量 i 直接对列表 L1 的每个元素进行遍历并打印；后一例中循环变量 i 对列表的下标进行遍历，循环体中打印 L1[i]，即下标为 i 的列表元素。

代码中 len(L1) 表示 L1 的长度（元素个数），列表元素的下标范围在 0 至 len(L1)-1 之间。

任务分析

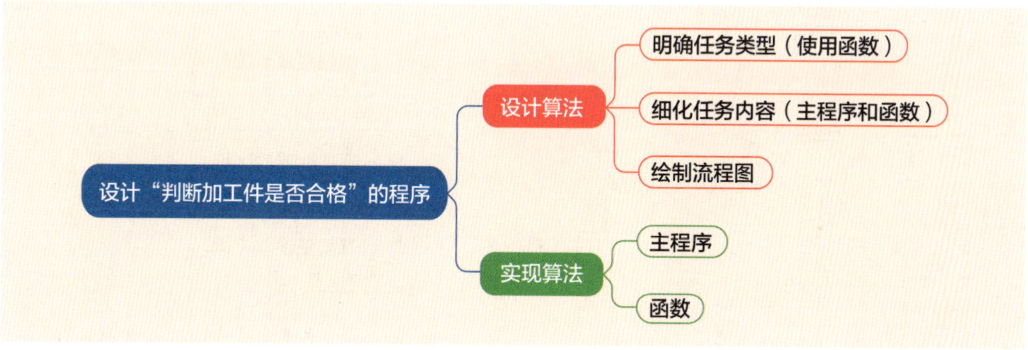

任务实践

1. 设计算法

本任务的核心内容是使用函数判断加工件是否合格，并统计合格的加工件数量后输出。设计的程序分为两部分：主程序和函数。

我们将5位同学的加工件数据存放在列表L中。主程序的功能是通过调用函数，判断存放在列表L中的每个数据对应的加工件是否合格。其处理流程为：先输入允许的质量误差范围，接着用循环遍历L，每取其中一个数据，调用函数判断该数据对应的加工件是否合格，如合格，合格件计数加1。循环结束后输出合格件总数。

函数的功能是判断给定数据的加工件是否合格。其处理流程为：先通过函数的参数传入单个加工件数据及允许的质量误差范围，再分别计算加工件和标准件的体积（因两者都是标准球体，可用球体积公式来计算），接着计算两者的体积差，乘以材料密度，就得到加工件质量的误差。检查质量误差是否超过允许的质量误差范围，就可以判断加工件是否合格。

主程序流程图和函数流程图分别如图3-2-11、图3-2-12所示。

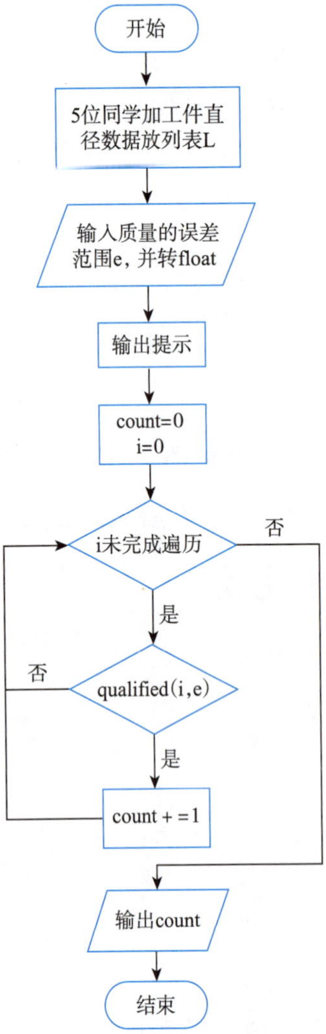

图3-2-11　主程序流程图

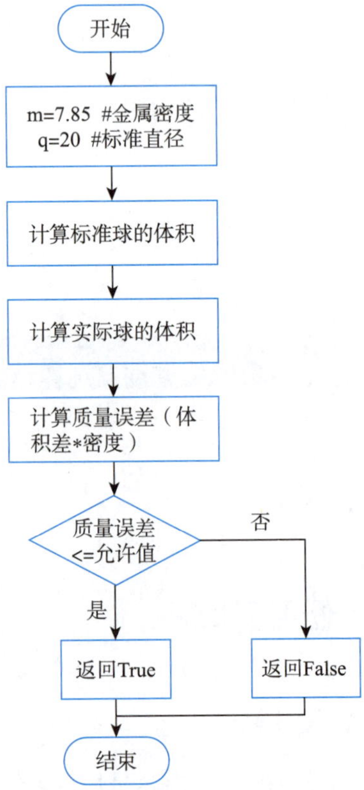

图3-2-12　函数流程图

2. 实现算法

根据流程图，我们还是按照“输入—处理—输出”三步来编写相应的程序代码。

（1）主程序。主程序的三个部分如下。

1）输入。首先我们将 5 位同学加工件的直径数据放在列表 L 中（单位为 cm）。代码如下。

```
# 主程序
L=[20.00093,20.00076,19.99958,19.99858,19.99807]
```

接着用 input 函数从键盘接收“允许的质量误差范围（克）”，并将输入内容转为浮点数（使用 float 函数转换），以便于后面参与算术运算。代码如下。

```
e=float(input(" 请输入质量的误差范围 (克):\n"))
```

2）处理。在处理部分我们使用循环语句。

初始化：在循环语句开始前，先将用来统计合格件数量的变量 count 初始化为 0。

循环体：循环变量 i 对 L 进行遍历，每次取一个加工件数据，然后调用 qualified 函数进行判断，如果函数返回值为 True，表示合格，count 加 1。代码如下。

```
print(' 合格产品的件数为:')
count=0
for i in L:
    if qualified(i,e):
        count+=1
```

3）输出。输出部分很简单，在循环结束后打印 count 计数值，即输出合格的件数。代码如下。

```
print(count)
```

主程序部分的完整代码如下。

```
# 主程序
L=[20.00093,20.00076,19.99958,19.99858,19.99807]
e=float(input(" 请输入质量的误差范围(克):\n"))
print(' 合格产品的件数为:')
```

```
count=0
for i in L:
    if qualified(i,e):
        count=1
print(count)
```

（2）函数。函数程序的三个部分如下。

1）输入。定义函数 qualified 两个形参 d 和 e，d 为某位同学加工件的直径数据，e 为允许的质量误差范围。代码如下。

```
def  qualified(d,e):
    #d 为某位同学加工件的直径数据
    #e 为允许的质量误差范围
    m=7.85   # 金属密度
    q=20   # 标准直径
```

2）处理。此部分完成给定加工件质量误差的计算。

①计算标准件和加工件的体积。

已知实心球体直径为 d，球体积计算公式为 $V=\frac{4}{3}\pi\left(\frac{d}{2}\right)^3$。

我们需要将公式翻译为 Python 的代码。

圆周率 π 可以使用 math 模块中的圆周率常量 math.pi（程序开头用 import 语句将 math 模块导入）。公式中计算 3 次方用到的是幂函数 pow，是内置函数，pow(x,y) 表示 x 的 y 次方。代码如下。

```
V=4/3*math.pi*pow(q/2,3)   # 标准体积
V1=4/3*math.pi*pow(d/2,3)   # 实际体积
```

②计算标准件与加工件之间的质量误差。

列出算式：abs(V−V1)*m，其中 V 是标准件体积，$V1$ 是加工件体积，m 是材料密度，abs( ) 是求绝对值的内置函数。代码如下。

```
g=abs(V-V1)*m   # 质量误差
```

3）输出。输出部分向主程序返回处理结果。

计算出质量误差 g 后，与允许的质量误差 e 进行比较。如果不超过，则合格，返回 True；否则不合格，返回 False。代码如下。

```
if g<=e:
    return True
else:
    return False
```

函数部分的完整代码如下。

```
import math
# 函数
def qualified(d,e):
    #d 为某位同学加工件的直径数据
    #e 为允许的质量误差范围
    m=7.85  # 金属密度
    q=20  # 标准直径
    V=4/3*math.pi*pow(q/2,3)  # 标准体积
    V1=4/3*math.pi*pow(d/2,3)  # 实际体积
    g=abs(V-V1)*m  # 质量误差
    if g<=e:
        return True
    else:
        return False
```

程序的运行结果如图 3-2-13 所示。

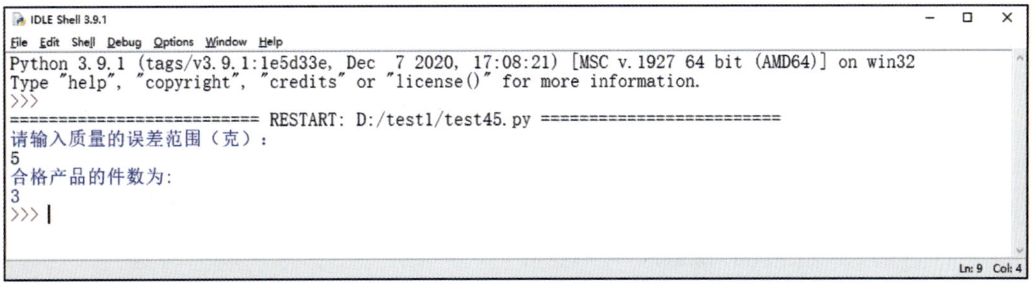

图 3-2-13　“判断加工件是否合格”程序运行结果

巩固提高

请同学们在本节任务的基础上对程序作出修改，要求不仅输出合格的加工件件数，还需输出 5 位同学中每位同学加工件的合格情况。修改后的程序运行结果如图 3-2-14 所示。

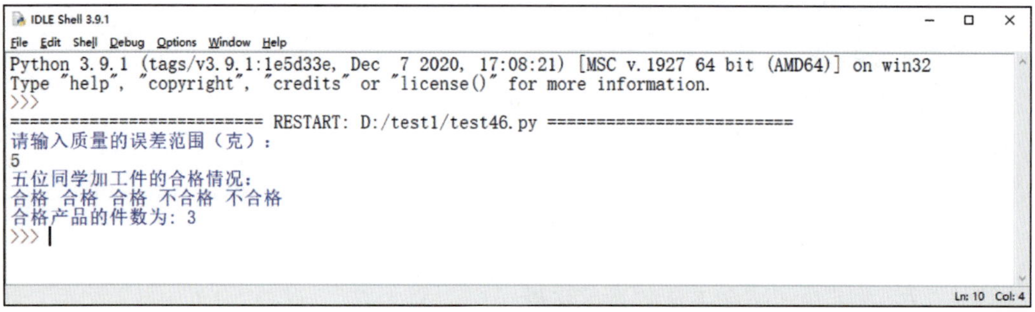

图 3-2-14　修改后的程序运行结果

拓展与探究

编写循环语句的注意事项

1. 循环必须能够终止

循环必须在满足一定条件下能够终止，以避免死循环的发生。

例：设计猜数游戏。

具体要求：在程序中预设一个 0 ~ 9 的整数，让用户猜一猜，并输入所猜的数。如果大于预设的数，显示“太大”；小于预设的数，显示“太小”，如此循环，直至猜中该数，显示“恭喜！你猜中了！”并结束程序。

我们来看下面的程序代码。

```
number=7
while True:
    guess=int(input('请输入一个数:'))
```

```
    if guess==number:
        print('恭喜!你猜中了!')
    elif guess<number:
        print('太小')
    else:
        print('太大')
```

在该程序代码中，while 循环的条件是“True”，表示循环条件永远成立，如果程序中没有类似“break”的跳转语句，循环将一直执行，无法结束，即形成“死循环”。

为了避免“死循环”，可以在猜中该数的情况下，除了输出“恭喜！你猜中了！”的提示，再增加一个 break 语句，使其强制跳出循环。代码修改如下。

```
number=7
while True:
    guess=int(input('请输入一个数:'))
    if guess==number:
        print('恭喜!你猜中了!')
        break
    elif guess<number:
        print('太小')
    else:
        print('太大')
```

2. 使用 range 函数执行固定次数的循环

有时候我们不需要进行序列的遍历，只是想执行固定次数的循环，这就可以使用 range 函数。我们前面已讲过 range 函数的基本语法：

```
range（初值, 终值, 步长）
```

range 函数会返回一个包含从初值（可省略，默认为 0）到终值（不能省略）的整数序列（类型为列表），序列的间隔由步长指定（可省略，默认为 1）。注意，序列是不包含终值的（默认序列最大值为“终值 -1”）。

例：求 1+2+3+…+10 的累加和。代码如下。

```
sum=()  #初始化
for i in range(1,11):  #循环条件判断
    sum+=i  #循环体
print(sum)
```

在本例中，range(1,11) 返回列表 [1,2,3,4,5,6,7,8,9,10]。列表包含初值 1，但终值 11 是不包含的。所以循环执行次数为 10 次（11−1）。程序功能与下列代码一致。

```
sum=0  #初始化
for i in [1,2,3,4,5,6,7,8,9,10]:  #循环条件判断
    sum+=i  #循环体
print(sum)
```

程序先对累加变量 sum 进行初始化（初值置为 0），之后执行 for 循环。for 循环固定执行 10 次，完成从 1 到 10 的累加。这里循环体 sum+=i 表示 sum 的值在原基础上增加 i。循环结束后打印 sum 的值。

3. 循环的初始化语句必须放在循环外

针对循环的初始化语句必须放在循环外，先于循环体执行。循环体内只放需重复执行的语句。

前面举过的“求 1+2+3+…+10 的累加和”一例，采用的是用累加变量 sum 来存放累加结果。对 sum 进行初始化的语句是放在循环开始前的。

如果将 sum 的初始化放在循环内，代码如下。

```
for i in range(1,11):  #循环条件判断
    sum=0  #错误的初始化
    sum+=i  #循环体
print(sum)
```

这时我们会发现，累加无法实现。因为每一次循环都将累加变量 sum 清零了，循环结束时，sum 得到的是循环变量 i 最后取的值 10。